マンガ　おはなし化学史

驚きと感動のエピソード満載！

松本　泉　　原作
佐々木ケン　漫画

ブルーバックス

カバー装幀／児崎雅淑・芦澤泰偉
カバーイラスト／佐々木ケン
編集協力／さくら工芸社

まえがき——本書のガイドをかねて

クレオパトラの胸に飾られた美しい装飾品をつくる職人、薄暗い怪しげな実験室で薬品を混ぜ合わせる錬金術師、燃焼反応の本質を確かめる実験を徹夜でやっているラヴォアジエ、円の中にさまざまな文字や図形を描いて原子の記号を考案しているドルトン、元素記号が書かれたカードを並べ替えては思案しているメンデレーエフ……。三十数年前、化学史の勉強を始めたころの私は、ここに挙げたような彼らと同じ時代、同じ場所に立ちたいと本気で思っていました。物質の性質やその変化をめぐる人間の曖昧な認識が、徐々にはっきりとした輪郭を現してくる過程、化学が一つの学問として立ち上がってくるドラマ、これをその時代の当事者といっしょに体験したいと思ったのです。

なんと、この夢がマンガという手法でかなうことになりました。ナビゲーターは三人の高校生。好奇心旺盛でおっちょこちょいなナナちゃんが主人公。彼女のサポート役としてはるかさんとヨシノリ君。そして正体不明の「販売促進アイテム」、略して「販促さん」がガイドとして彼らを時空を超えた時代と場所へと連れて行きます。

さて、彼らの行き先は……。

第1章は原始時代から古代文明発祥の地、そして中世のヨーロッパ。「火」を手に入れた人類はそれを物質の変化に用い、意識的に化学変化を起こすようになります。化学の出発です。次いで金属を新しい素材として得た人類は大きく文明をジャンプアップさせます。金属のもつ特性が歴史を変えたのです。時代が下ると物質を意のままに変化させ、金をつくることを夢見ます。錬金術時代の到来です。結果として、この見果てぬ夢は学問としての「化学」を準備することになるのです。

第2章では前の章を受け、化学が自然科学の一分野として確固たる地位を獲得していく過程を見て歩きます。舞台はヨーロッパ。ボイルからはじまりラヴォアジエ、ドルトンと化学史の主流をなすビッグネームの登場です。彼らを取り巻く多士済済の学者さんのキャラクターも楽しみの一つです。元素と原子という概念を手に入れたことが、明確な理論とそれに基づく実験を可能にし、学問としての化学が成立したことが明らかになります。

第3章では元素発見の歴史をたどります。その中でも動電気の発見と電池の発明、分光分析の確立、精密を極めた質量測定の三点にスポットを当てます。いずれもエポックメイキングなドラマが生まれた現場にみなさんをお連れします。そして最後に、多様な元素間に潜む壮大な周期系を発見し、それを見事にヴィジュアルな表にまとめ上げたメンデレーエフの仕事現場に立ち会っていただきます。

第4章で訪ねるのは一九世紀後半から二〇世紀前半のアメリカ合衆国。現在のプラスチックの出発点になったセルロイド、そして夢の合成繊維ナイロンの発明をたどります。セルロイドの発明の裏にあった意外な動機、化学物質が繊維になる理論とは。そしてナイロン発明者の栄光と悲劇。プラスチック（合成樹脂）と合成繊維という、現代社会を支える合成高分子化合物の原点を垣間見る歴史の旅です。

強引な（?）「販促さん」のガイドと三人の化学史を巡る珍道中をお楽しみください。

マンガを御担当いただいた佐々木ケン氏には、私の文字通りの「あらすじ」に命を吹き込んでいただき、登場人物を縦横無尽に動かしていただきました。おかげで素晴らしい作品となり、私自身の三十年来の夢がかなえられました。深く感謝申し上げます。

それでは「おはなし化学史ツアー」の出発です。いってらっしゃい！

二〇一〇年一一月

松本　泉

●マンガ おはなし化学史● 目次

プロローグ

ナナちゃーん
あ…はるか
書店
本屋ってことはマンガ?
わたしゃマンガしか買わんのか?
ちがうの?
ちがわないけどね

この部分はフィクションであり、それらしい実在の漫画家や作品とは関係ありません。

骨ホネちゃんの新しいのが出たから
えーササキケンの?
あの人のマンガシュミ悪いよ(注)
それはわたしもシュミが悪いと…?
つんつん
ようこそ。
なに?これ
さあ?
販売促進のアイテムじゃないの?
大好評発売中!
ナナちゃんマンガはこっちだよー
こちらへ…

これ！
これって…
化学史？
自習 化学史
いらない
骨ホネちゃん 骨ホネちゃん
あ ちょっと ちょっと。
おー新刊！
これ これ
骨ホネちゃん
はい
二冊で 二一〇八円 です
二冊？
あ
化学史
チーン
2108

なんでこんなの買ったのかなあ…
自習
化学
わっ
販促アイテム
お買い上げありがとうございます。
チッチッ
……
ちがいます。
じゃ何かと言われると答えにくいですが。
まとにかく
こちらへどうぞ。
キャッ！

第 1 章

化学の起源

—原始時代～古代～中世—

第1話
人類初の化学反応
―燃焼―

自ら化学史を習ってもらいます。
あ販促さん
ちがいます
が
まあいいです。
実地に化学の歴史を見ていきます。
実地に？
ほら。
ピカッ
ひ

どーくつ
あんただれ？
百数十万年前の世界です。
お
ゴウッ
落ちたな…
この雨だからすぐ消えるだろう
彼らはいわゆる原人といわれる人たちです。
けど小降りになったぜ
おおー燃える燃える
ことばや風俗は自動的に同調するのでご心配なく。

焼けたなあ
焼けたねえ
木の実とるにはそうとう遠くに行かないとねえ
ところであんたの目何かのまじないか？
これはメガネ…
いえ
そうよく見えるように…
くんくん
あ
何かいいにおい
焼肉のにおいだ
いや焼死体のにおいだ

ほら
シカの
焼死体
シカの
焼肉
よ！
石ナイフ
貸して
え？
食うの
か？
食った
!!
火に焼けた
肉を!!
あの
おそろしい
火に!!
うまっ!!
うま？
シカだ
じゃなくて
うまいと…

第１話　人類初の化学反応―燃焼―

ちょっと食べてみるか
えー呪われた焼死体だぜ
最近えものがなくて腹ペコだし…
おいおい
うまっ
シカだって
だからそうじゃなくて…
じゃオレも
ワタシも
うまっ
うまっ
シカ…
あら骨ホネちゃん
食った～
うまかった～～!!
おっと
販促さんどこにいたの？
火とは
ふーん
燃焼反応です。火の熱と光を利用し、人類が初めて役に立てた化学反応です。

あっ
もしかして人類で最初に焼肉食べたのわたしってこと？
この場合だれが最初かなんてことはどうでもいいことです。
販促さん
あんたノリ悪いわねえ
こうして火の利用を始めた人類は火を絶やさぬようきちんと管理をしていました。
消えちゃったらどうするの？
ほいたき木
そりゃ次の野火を待つのです。ま、ご近所にヒトがいればもらい火も。
ご近所づきあいはたいせつよねえ
近くになかまもいないし
山火事～
消えっ！
焼肉～

ゴウッ
ギシギシ
長い間
そのように
火を守って
いましたが…
おい
ん？
ボッ
わ
火が
この石とこの石とをぶつけると
カッ
わっ火花が
木をこすると火が出るのか
ゴシゴシ
これをかれ葉に…
カチ
カチ
こうして
人類は
自由に火を
起こせる
ように
なりました。
おー
火だ!!
おー
火だ!!

ここは
1万数千年前の
日本列島です。
へえー
するとあの人日本人？
日本人というか
縄文人の
先祖です
ねえ。
何やってんですかあ？
ん？
いやここで火を燃やしたんだが
ほら まわりの土がかたくなってるだろう
カチ☆コチ
別のとこで燃やした時はこうはならなかった
ふうん
あ そうか これネンドだ
ほう この土はネンドというのか
焼けてかたくなったネンド
土器か(注)
縄文土器作るのね

土器は粘土の熱による化学変化（七〇〇～九〇〇℃）を利用して作られる器。オーストラリアの考古学者ゴードン・チャイルドによれば土器の出現は「人類が物質の化学的変化を利用した最初の出来事」。

ドキ？
ジョーモン？
なんのこと？
ほら
教科書にのってるぐしゃぐしゃーとした…
先走らないでください。
これから土器が作られるようになる時代で、まだ縄文土器という名前はないのです。(注)
あ
そだね
あれ？
もう土器作ったの？
すばやいわねえ
あんただれ？
へ？
あ〜
似てるけどさっきの人とちがう
？
そう。もうだいぶ時代はくだっています。

日本列島で作られた初期の土器を縄文土器といい、約一万六〇〇〇年前から約二三〇〇年前の期間（縄文土器が作られていた期間を縄文時代という）に作られた。土器として世界的に最も古い部類のものとみられている。

もう土器の使用は広まっているわけか…
うん土器便利だよー
ぐつぐつ
煮炊きができるからね
昔は食べられなかった木の実や雑穀がおいしく食べられる
土器は食生活の改革をもたらし、安定した食料事情が定住集落の形成を助けました。
ふうん重要なことだったのね
あんたも食べる?
火焔《かえん》土器
後にはこんな装飾つきのものも出てきました。
食べないの?
おー教科書の
あら
わたしなにやってたのかしら…
自習
化学史
そうか自習か
こうやって自習する本なんだ
自習
化学史

第2話
金属がつくった歴史

あ
結局販売促進アイテムにのせられて買ったの？
わけわかんないうちにね
けどあれ販促じゃないかも
ねえはるかなんだかこの本おもしろいんだよ
いっしょに見ない？
だってあたし化学選択してないしー
興味ないしー
あれ？
ナナちゃんどこに？

今回は金属です。
あのね
なんで学校にいる時に引っぱりこむのよ
次の授業どうするの
ご心配なく。
ほんと？
もどる時は、それほど時間のたってない時に、もどりますから。
それよりあーた！金《きん》ですよ金！授業なんぞどーでもいーでしょ。
ちょっとキャラ変わってない？
あっち
水遊び？
ま、マンガですから多少のボケは…
とつぜんですが水遊びをどうぞ。

ハーイ
……ハイ
今とあまり変わらない雰囲気ですが、数千年前の世界です。
何しているの？
きれいな石をさがしているのさ
ほらこれきれいでしょう
ん？
キラッ
なんだ？
へー
ピカピカ光る石だ
わーきれい
この大きさにしちゃ重いなあ

ねー ちょうだい
やだよ ボクが見つけたんだ
えーん
なんだよ…
じゃ少しわってカケラをやるから
あれー われないなあ
カチッ
カチッ
なんじゃこりゃ
平らになった
まがるし…
ねじれるし…
のびるし…
ちぎれた…
じゃこっちをやるよ
わー ありがとう
おもしろーい
もっとさがそうぜ！

ねえねえ
あれ金でしょ？
金!!
そーです。
授業なんぞどーでもよくなったでしょ？
金（Au）は他の物質とほとんど反応しないため、単体のまま（金属のまま）自然界に存在するので、人類が初めて手にした金属になりました。展性（平らに拡がる）、延性（細長く延びる）に富んでいるため加工が容易です。
ほらっこれっ!!
またあった？
銀（Ag）も金ほどではないですが、反応性が乏しく、単体で存在して金同様古くから利用されました。ただ、金・銀は装飾品として使われ、日常的な道具には利用されませんでした。
どん
わたしもっ…
いた～
せまいところで走るんじゃない

川底に金の粒（砂金）があるということは…
場面変わるのなら先に言ってよね
上流に金鉱脈があるということです。
あなたがたは…
われわれはエジプト王室探鉱官である
文明が進んで国ができると金・銀などの資源は、国家が独占しました。
それが金の鉱脈？
よるなよるな
しっしっ
エジプトではヌビア地方(注)の金鉱をほとんど掘りつくしています。
地中海
ギザ
テーベ
ナイル川
アスワン
ヌビア
紅海
金なんかないじゃない
この白いのが石英だけどね
古代エジプト語で金のことをヌブという

古代ギリシア・ローマ人がエジプトの金が採れた地方を「ヌブ」とよんでいたことが始まりとされている。

黒い斑点《はんてん》やしまもようがあるだろう
これが金と銀のまじったものなんだ
これをこまかくくだいて
斜めにした板の上で水に流すのさ
金は重いから余分な石が流れたあとに残るんだ
金の比重は19.3 ふつうの石は比重2～3です。
さてそのエジプトでは…
あ
あ
もう場面変わるの？
金は？金!!…
男も女もアイシャドーをしていました。魔よけとも、虫よけともいわれています。
金～…
がっついてはいけません。

アイシャドーはその孔雀石をこまかい粉にして…
あらきれいな青緑色
あっちの作業場へもってって
なんなのよ
ここの作業員になってるようですねえ。
その粉を油脂で練って作るのです。
ちょっと…
これ重いんだけど…
ヨロ
あ
なんで押すのよっ
あぶない!
わあ!!
どうした
孔雀石が火の中に!!
石が!!
石はだいじょうぶか?
わたしのことも心配して～

水かけて
アホ
焼け石に水かけたらくだけてあとがめんどうだ
じゃ石だけひろって
あち　あち
ムリだ
熱いって言ってるのになんであおぐの!?
え？あ…
なんでわたし…
ゴウッ
いや早くたき木や炭を燃やした方が…
そうかうまく石を回収できるかもね
じゃ早いとこ燃やしつくせ
バタバタ
消えたけど…
石は見あたらないな

銅は金・銀と違い、ふつう化合物の形で鉱石に含まれているが、自然の冶金《やきん》作用で単体としての銅（金属銅）も存在していて、装飾品などに使われていた。しかし銅の製錬法発見以前はその量は少なく貴重品だった。

灰の中に何かかたいものが…
これは
銅だ!!（注）
そうか
孔雀石には銅が含まれていて木炭といっしょに熱すると銅だけとれるのか
いしっ!
すみっ!
どうっ!
このようにドジな作業員のミスから銅（Cu）の製錬法がわかりました。
ドジってね あんたがころばしたんでしょ
これはつまり炭素（木炭）による還元で、孔雀石は水と二酸化炭素と銅に分解され、気体はとんで銅だけ残るわけです。
ふんっ そうなのっ
たき火の温度は600～700℃で還元に必要な700～800℃にならないのですが、十分な通風があれば、1000℃以上になることもあります。
あっ あおがせたのもあんたのやらせねっ

やらせなどと人聞きの悪い。
自習ですよ自習。
ふんっ
痛くて熱い自習なんて…
陶器作りのかまの中の温度は銅の溶融温度1084.4℃以上になるので、職人がためしにいろいろ実験しているうちにという説もあります。
なんでそっちでやらないのよっ
痛くも熱くもなかったのに
銅の製錬法の発見によって、銅という優れた素材を銅鉱石から大量に作り出すことができるようになり、人類の文化は大きく飛躍しました。
打ち出しでいろんな道具を製作（注）
鋳物で規格品の大量生産
そして人類は異なる金属を混ぜ合わせて、合金を作るようになりました。
混ぜるとどうなるの？
合金にすると、強度が増したりもとのそれぞれの金属とは異なる性質が現れます。
へぇ

エジプトのメンフィス付近の紀元前二五〇〇年頃の神殿には銅製の水道管があった。長さ約四〇〇ｍで、打ち出しの銅管は口径四㎝、厚さ一㎜。

例えば銅とスズとの合金を青銅といいますが、これがあーたすごい！
どうすごいの？
ブン
？
なに？
ブン
グサッ
ビィーン
ひええ～～
武器です。
青銅製の武器が作られ時代が一変したのです。
わあ～
グサグサグサグサッ

トロイの女か？
ひ〜
ト・ト・トトロイってなんですか？
ここはトロイだろうが
われらはギリシア連合軍のものだ
おまえのクニはどこかと聞いている
青銅器時代に起きた有名なトロイ戦争です。小アジアの都市国家トロイとギリシアの都市国家連合との間の戦争です。
に・に・に日本です
トロイじゃありません
日本だと…
聞かんクニだな
紀元前1300〜紀元前1200年ごろの事件ですが、全く架空の伝承だとする説もあります。

トロイの女ならかっさらって行くんだが
そうでないならじゃまになるから殺しとくか
じゃましません
じゃましません
青銅製の武器に対し、それまでの石製の武器は全く歯が立ちませんでした。
販促さんっ!!
なにのんびり解説してるのよっ
ヒュン
ガッ
ボロリ
マンガですからこんなこともできます。
ギャーーー!!
あわ…あわ…

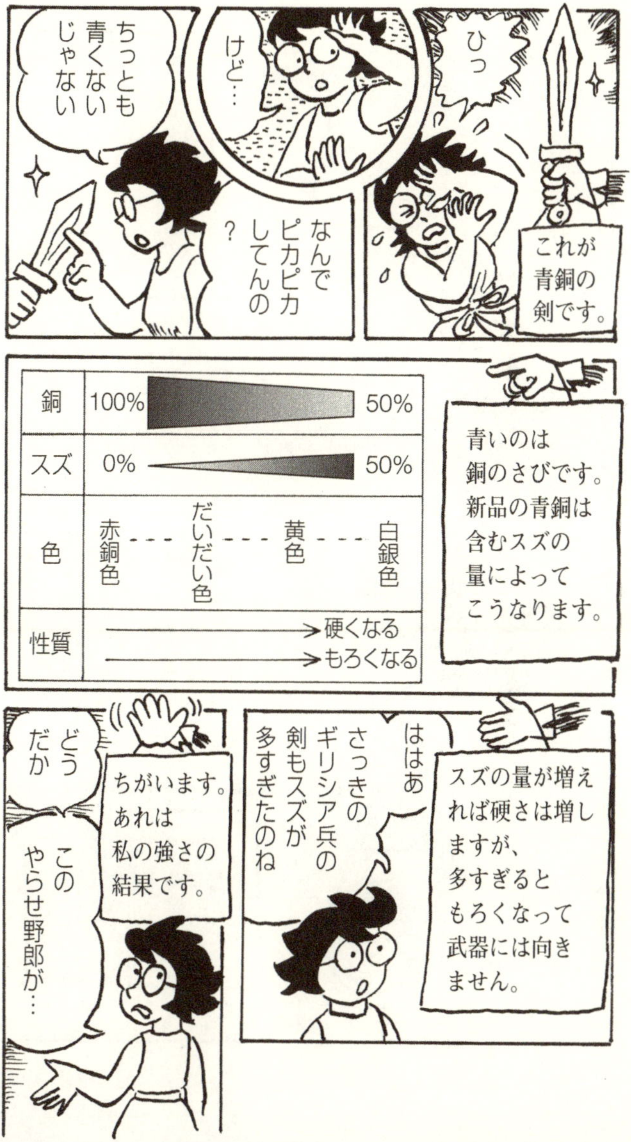
ひっ
これが青銅の剣です。
ちっとも青くないじゃない
けど…
なんでピカピカしてんの？
青いのは銅のさびです。新品の青銅は含むスズの量によってこうなります。
銅　100%　50%
スズ　0%　50%
色　赤銅色　だいだい色　黄色　白銀色
性質　硬くなる　もろくなる
スズの量が増えれば硬さは増しますが、多すぎるともろくなって武器には向きません。
ははあ
さっきのギリシア兵の剣もスズが多すぎたのね
ちがいます。あれは私の強さの結果です。
どうだか
このやらせ野郎が…

逆に銅鏡では、スズを増やし白銀色にして反射像を見やすくしています。
わ
きらっ
銅鏡!
青銅は人類が初めて、意図的に物質の性質を変化させて作ったもので、作りたい製品によって…
ちょっと!見てくださいよ!
こら〜!
作りたい製品によってスズの分量を加減して、硬さや色などを自由に変えるという技術を手にしたわけです。
中国:殷《いん》の青銅器(殷器)
日本の銅鐸《どうたく》
そして武器の他に、祭器や工芸品が作られました。(注)
こういうのならばおだやかなのにねえ〜
なんであんなにこわい思いさせるかねえ

日本では青銅器は紀元前四世紀頃に伝わり、国内での生産は紀元前一世紀頃に始まった。武器としての銅剣・銅矛・銅戈《どうか》、楽器としての銅鐸などがあったが、どれも後に大型で非実用的な形になり、祭器として用いられたらしい。

そしていよいよ鉄（Fe）の時代がやってきます。
あら
夜なのね
あ
流れ星
販促さんがおだやかに自習させてくれますように
え
なにこれ
わ〜〜

どーん
ひぃ〜
隕石《いんせき》ですねえ。
もっとおだやかにしてよねっ
朝になりました。
言われなくてもわかるわよ
人々が出てきました。
言われなくてもわかるって
じゃあ彼らは何をしているのでしょう。
隕石の衝突あとの見物じゃないの？

ガッ
……
……
……
……
……
きらりん
パカッ
ガッ
……
何か言いなさいよっ
わけわかんないじゃない!!
彼らの話を聞いてりゃ言わなくてもわかるでしょ。
いたいいたい！
聞こえないわよっ
あんたわざとボリュームさげたでしょ

あはは ばれて ましたか。
もう
性格悪いんだから
ボリュームさがってたんだって
だから話しづらかったのか
実はあれは鉄隕石別名隕鉄です。
そう
これ鉄
人類が最初に利用した鉄は隕鉄でしたがそれは珍しいものでした。(注)
そう
これ珍しい
隕鉄はごくたまにしか手にはいらない「天（宇宙）からの贈り物」で、貴重品でした。
そう
これ王さまのとこへ持ってけばほうびくれる
よかったな
ボリュームもあがってよかったな

鉄は地球上の金属元素のうち、アルミニウムに次いで二番目に多い元素だが、酸素との化合力が強く、地球上では単体の鉄（金属鉄）は存在できない。製錬には高熱を必要とするため、その技術を得るまでは隕鉄を利用するしかなかった。

一説によれば、鉄の製錬は紀元前15世紀ごろ、ヒッタイトで始められました。
黒海
ヒッタイト帝国
（B.C.1680頃～B.C.1190頃）
アナトリア高原（注）
カデシュ（P.49参照）
地中海
エジプト王国
（新王国時代）
鉄鉱石（主に酸化鉄… Fe_3O_4 など）を木炭などといっしょに800～1000℃で熱すると、還元されて多孔質の鉄塊になります。
多孔質の鉄塊
800～1000℃
それを熱してはたたくという作業で、不純物を追い出すとともに、形を整えて製品にします。
へえ

現在のトルコ共和国のアジア部分（「小アジア」ともいう）の地域はアナトリアと呼ばれるが、この地域は海岸部以外は高地性でその高地一帯を「アナトリア高原」という。

さて、その800～1000℃という高温はどうやって得るのでしょうか？
やっぱし…前みたいにあおぐとか…
いーえ あんなのは効率が悪いです。
ふんっ やらせといて
秋のアナトリア高原へ行くとわかります。
へぇー
どういうこと？
こういうことです。
わあ～
アナトリア高原では秋になると木を根こそぎにするような強い季節風が吹くのです。
ゴオッ

この風を利用してあれです。
なにあれ?
ちょっと…スカートが…
スカートが~
風
風
風
風
こうやって強風を炉に導いて、燃焼温度を上げたのです。
ヒッタイトは鉄の製法を他国には絶対もらさぬようにしていました。
おだやかにって言ってるのに…
それは鉄の武器を作るための最高軍事機密だからです。(注)
武器?
いやな予感が…

ヒッタイトの遺跡から発掘された「キズワトナ文書」に、「鉄を生産するには悪い時期」なので良質の鉄は送れない、という書簡があるが、これは鉄の秘密を守るためという説の他、季節風の時期でなく鉄の生産ができないためとする説もある。

ひっ
わぁ〜
なんでこうなるのよ〜
グサ
グサッ
ヒッタイトの女か
ち・ち・ちがいます
に・に・に日本です
日本!!
日本だと
聞かんクニだな
まあヒッタイトの鉄の槍にねらわれたわけだから
ヒッタイト人ではなかろう
じゃあ槍だけ持って行こう
これで全部だな

な・な・なんなの
あれは…
紀元前1285年ごろ、エジプトとヒッタイトの間で「カデシュの戦い」があったのですが、その時のエジプト兵です。
ヒッタイトは鉄の武器と軽戦車とで有利に戦いました。
あ
エジプトは捕獲した鉄の武器を持ち帰り、製法を研究しましたが、製鉄法はわかりませんでした。
それで槍を…
紀元前1190年、ヒッタイト帝国は滅び、秘密にしていた製鉄法は各地に広まります。
お
バランス
鉄は優れた性質をもつうえ、原料の鉄鉱石が広く分布しているため、すぐに青銅にとってかわり、鉄器時代が訪れます。(注)

ヒッタイトのころから鋼鉄（炭素含有量〇・〇三〜一・七％）を利用していたと見られる。鋼は熱処理の方法により、性質を変えることができる。焼き入れ：熱して叩いたものを水や油に入れて一気に冷やすことで硬さを増大する。（次頁へ）

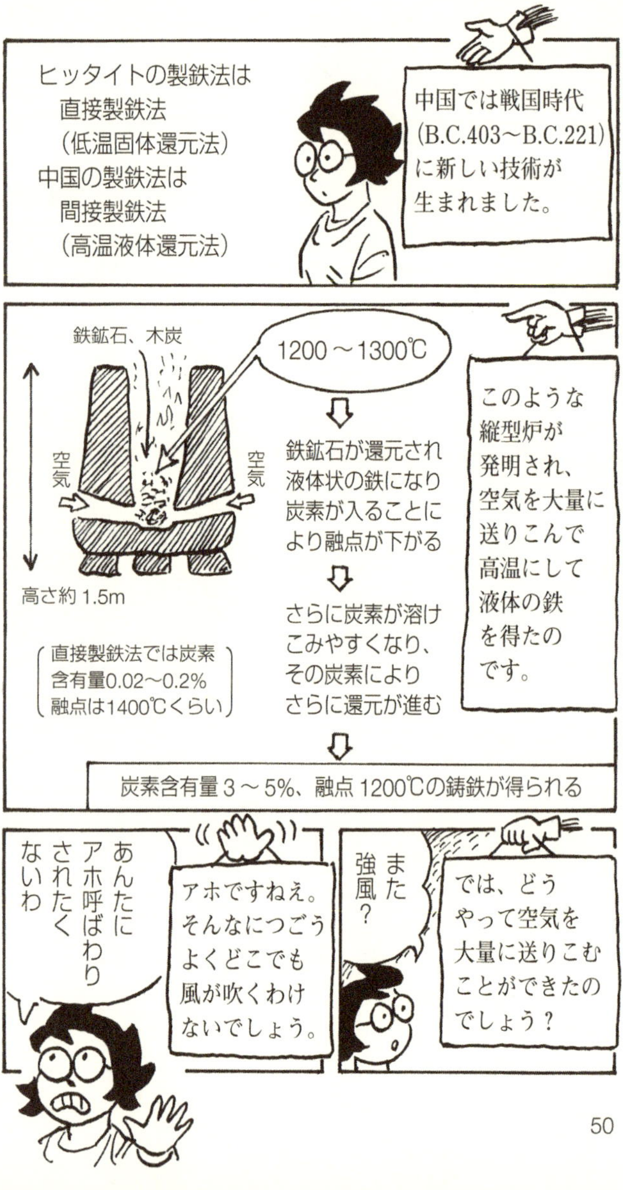
中国では戦国時代
(B.C.403～B.C.221)
に新しい技術が生まれました。
ヒッタイトの製鉄法は
直接製鉄法
(低温固体還元法)
中国の製鉄法は
間接製鉄法
(高温液体還元法)
このような縦型炉が発明され、空気を大量に送りこんで高温にして液体の鉄を得たのです。
鉄鉱石、木炭
1200～1300℃
空気
空気
高さ約 1.5m
直接製鉄法では炭素含有量0.02～0.2%
融点は1400℃くらい
鉄鉱石が還元され液体状の鉄になり炭素が入ることにより融点が下がる
さらに炭素が溶けこみやすくなり、その炭素によりさらに還元が進む
炭素含有量 3～5%、融点 1200℃の鋳鉄が得られる
では、どうやって空気を大量に送りこむことができたのでしょう？
また強風？
アホですねえ。そんなにつごうよくどこでも風が吹くわけないでしょう。
あんたにアホ呼ばわりされたくないわ

（前頁から）焼き戻し：焼き入れした鋼を再加熱してゆっくり冷やすことで粘り強さを得る。焼きなまし：加熱後、炉の中でゆっくり冷やすことにより内部の歪みを取り除き、組織を軟化させ、加工しやすくする。

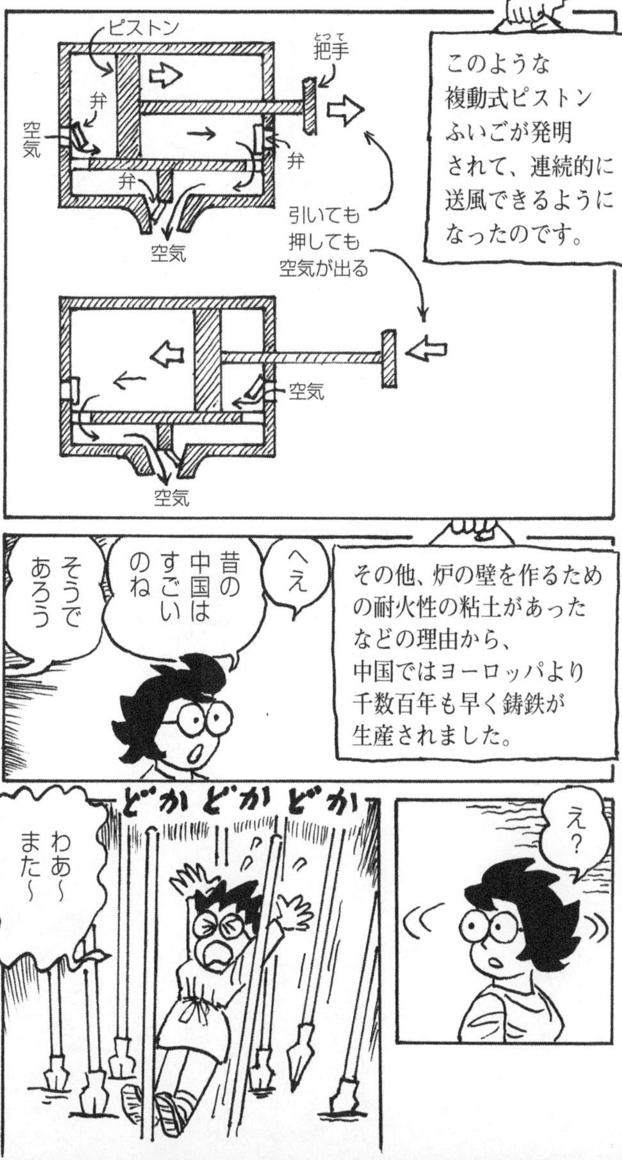
このような複動式ピストンふいごが発明されて、連続的に送風できるようになったのです。
ピストン
把手《とって》
弁
空気
弁
弁
空気
引いても押しても空気が出る
空気
空気
その他、炉の壁を作るための耐火性の粘土があったなどの理由から、中国ではヨーロッパより千数百年も早く鋳鉄が生産されました。
へえ
昔の中国はすごいのね
そうであろう
え?
どかどかどか
わあ〜また〜

紀元前二二一年、斉を滅ぼし戦国時代の中国を統一した秦王・政は新たに「皇帝」という称号を用いた。自らは始皇帝と称し、二世皇帝、三世皇帝と万世まで続くと宣言したが、紀元前二〇六年、三世皇帝で秦は滅亡した。

なにすんですか~
そなた それ 好きなの では ないのか?
好きで 何度も やってる わけじゃ ないです よ~
ほー そうか
それは 失礼したな
だいたい あなた だれです?
秦の 始皇帝 じゃ
ひえっ
きりっ
秦の始皇帝 (B.C.259～B.C.210) 本名 嬴政《えいせい》 横に注が あります。
始皇帝 さんが なんで?
そなた中国の 鋳鉄をすごいと 言ったが ほんとのすごさが わかってないで あろう
ほんとの すごさ?
ほんとに すごいのだ

他の地域では鉄を固体で扱うが
中国では液体なのだ
すると鋳物ができるのだ
中国は鋳物はおとくいなのだ
ああ殷器とか
たとえばこの矢じりね
これ大量に必要な消耗品だ
それを45ページのようにトンカントンカン小さいのを一つずつ作ってちゃらちあかん
鋳物なら溶けた鉄をさっとそそげば…
ごっそりできる
けどね中国にとって決定的にすごかったのは
農具や工具が鉄の鋳物で大量に作られたことなのだ
よかった
もう武器の話じゃないのね

鉄の農具で生産性が飛躍的に高まり鉄の工具での土木工事で農地は急拡大したのだ
鉄のすき
鉄のくわ
秦ではこんな水利施設ができた(注)
鄭国渠《ていこくきょ》
北京
黄海
西安
黄河
成都
揚子江
都江堰《とこうえん》
しかし、これが武器よりももっと恐ろしいことになるとは…
えー
こわいのやだよ
ひえ〜
はげ〜っ
農地の開墾と製鉄用の燃料の木炭を作るため、森林がどんどんなくなっていったのです。

鄭国渠は始皇帝が秦王時代、前二四六年起工、前二三〇年完成。都江堰は秦の昭王の時代、前二五六年起工、前二五一年原型となる堰が完成。どちらも改修、追加工事を重ね、現在も利用されている。都江堰は世界遺産となっている。

製鉄をしていた所は
世界中同じように
森林がなくなり、
スペインでは
砂漠化しました。
わあ～
はげはげ～～っ
17世紀にイギリスで
コークスが発明されて
製鉄用燃料になった
ので、森林破壊は
やっと止まりました。
お～
それはよかった
コークス
石炭を蒸し焼き
(乾留)したもの
そのころ始まった
産業革命で鉄は、
大量生産、大量消費
の時代になり、
現在に至ります。
(注)
あ ナナちゃんどこ行ってたの？
おっと
もどったね…

産業革命以後、鉄は産業の中核となる材料になり、以来「産業の米」とか「鉄は国家なり」とかの言葉も生まれ、鉄の生産力は国の力を示すといわれるほど重要な金属となった。

第3話
エジプトの化学技術

ねえ はるか
今度 いっしょに 来てよ
おもしろいけど 一人じゃこわい ことも…
今度は、こわいことは ありませんよ。
あ
もう 出た
わあ
では行きましょう。
ちょっと ちょっと
授業は…
あれはフェニキアの船です。フェニキアについては、次ページに注が。
なに これ
こういう もん なのよ

第3話　エジプトの化学技術

ねーさんがた かまどにするのに手ごろな石はないかな
さあ…
わたしらもここらは初めてで…
ここらってここどこなの？
しゃーない 船からソーダのかたまりいくつか持ってきな
この船はエジプトから天然のソーダ（炭酸ナトリウム Na_2CO_3）をフェニキアに運んでいる途中です。
天然ソーダはエジプトの塩湖の岸に大量に産出し、洗剤として使われていました。
ねーさんがた 手伝ってくれたら昼メシごちそうするよ
手伝います手伝います
そんなに軽くのっていいの？
いいの
のると自習できるよ

フェニキアは現在のシリア・レバノンの海岸部の地名。前一五世紀頃から都市国家が成立し、盛んに海上交易を行い、地中海・黒海沿岸広くにフェニキア人の植民都市ができた。前八世紀フェニキア地方の諸都市はアッシリアに併合された。

よーし
煮えてきた
わっ
ぴゅう
風が…
火が！
砂が！
火をおさえろ！
ナベにフタを！
ぴゅう
わ…
早く早く!!
わ…
火をおさえろっていってるのになんでまきをくべるの!?
あち…あちち
え？
あ…
なんであたし…
砂かけろ砂!!
火にだよ！
あごめんなさい

まあ風もおさまったし…
スープもなんとかできたし
ちと砂まじりだけどね
あたし…なんかドーテンしちゃって…
たぶん販促さんのやらせだよ
あれで何かの化学反応が…
おいこれなんだ？
ほら
きらりん
何か透明な光るものがソーダに
ふむ
砂とソーダを熱するとこういうのができるのか
これがいわゆるソーダガラスです。ケイ砂（二酸化ケイ素 SiO_2）に炭酸ナトリウムを加えて熱すると、融点が下がりガラス状になります。

二酸化ケイ素の結晶が石英で、特に透明度の高いものは水晶と呼ばれます。
わ
水晶
エジプトではそれ以前から陶器のうわぐすりに石英を使っていました。
うわぐすり?
陶器の表面のつやつやしたやつよ
また、石英だけを高温で溶かしビーズ玉などを作ったりもしています。
もっと感心するがよいぞ
?
ふうん
ビーズでこーんなすてきな首かざりなどができたりするのだ
わ
きれい!
ま
水晶でこんなペンダントもあるがの
あなたはどなたですか?
わ
わ
わらわはクレオパトラじゃ
クレオパトラ7世（B.C.69［70とも］〜B.C.30）エジプト最後の女王です。
えええー

エジプトではのう
化学は最も神聖な学問での（注）
王宮や神殿には実験室があって化学の研究をしておるのじゃ
その研究成果は日々の生活に活用されていての
ソーダを油で処理してせっけん
発酵技術を使ってワイン
顔料や染料
医薬や軟膏（クリーム）
軟膏にもいろいろあるが化粧用のものが大量生産されておる
化粧用とはいえエジプトの日ざしや乾燥から肌を守る軟膏は必需品じゃ
このような流れ作業で作られて
こういうものができる
おガラスびん

「化学（英語でChemistry）」は、黒色、暗黒、神秘の意味のエジプト語Chemaから、「神秘の学問」の意味。また、その土が黒いためエジプトを「Chem の国」と呼び、そこで盛んな化学をアラビア人が「Chem の学問」と呼んだという説も。

エジプトでは、人は死後いつか将来復活するものと信じられ、体から離れた魂が戻るために死体は永久に保存すべきとして、ミイラが作られた。死体はほうっておくと腐敗するので、腐敗防止の高度の化学知識が必要だった。

もらっちゃった
あ いいにおい
天然ソーダのことですが、これをナトロンとかニトルンとかいってナトリウムの語源になっていますが…
ふうん
ナトロンといえばミイラです。(注) ほら、死体がミイラ工房に…
え〜
やだ〜
最初にきれいに洗って
まず鼻の穴から器具を入れ、頭蓋底を突き破って脳をかき出します。
ゴリ
ゴキ
ぶ…
残りは薬品で溶かして鼻から出します。ほら、お二人が今吐いたようなものが鼻から…
うげ…
よいしょ

わき腹を切って内臓を取り出します。
それ引け
やれ引け
腹に香料などをつめて、ナトロンの液または粉末でおおい、水分をぬきます。
最後に亜麻布（リネン）の包帯で巻いて樹脂をぬります。
おーい包帯！
こんなとこでも手伝うの？
取り出した内臓は臓器ごとに容器に保存します。ミイラのもとの位置にもどす場合もあります。
これは高級ミイラの作り方で、簡単なのは丸ごと塩づけにして水分をぬくだけです。
うえ～
げぼっ
おーっともどった…
はあ～
授業受ける気がしない～

第4話
「化学」を準備した錬金術

う〜
今日は授業に身がはいらなかった…
おもしろいって言ってたけど
そうでもなかったよ
あの鼻から脳が流れるとこなんか…
言うな〜
思い出させるな〜
おえっ
今度のはそんなに気持ち悪いことはありませんから。
あら
あんた…
見境なく出てくるようになったわね
だって、また金《きん》の話ですよ。金!!
金て言やのってくると思って…
のってたの?

もっとも、今回はニセの金ですけど。
ニセ?
しょーもな!
つまり、錬金術の話です。次のエジプトの文書を見てください。
次の?
あ この下か
これは「ライデンパピルス」および「ストックホルムパピルス」と呼ばれる、テーベで発見された3世紀末の文書にあるものです。
1スタテルのアセモス、または3スタテルのキプロス銅を、4スタテルの金といっしょに煮て融解せよ。
金を増量するには、その量の4分の1のカドミアと融解せよ。
金は重くて硬くなるだろう。
スタテル?
アセモス?
カドミア?
なんじゃ?
それらのことばを説明するのはめんどくさいので省きますが、要は金に不純物を混ぜて、しかも純金のように見せかけるだましのテクニックです。
めんどくさいってあんたねえ…
わー ほんと見分けつかない
純金
まがい金

これらのパピルス文書は金、銀、宝石などのニセモノ作りの処方がどっさり書いてあります。
そんな文書があるってことはまがいものが横行してたのね
その通り！だからアルキメデスの発見もあったのです。
アルキメデス？
ほら浮力よ
ほら、アルキメデスです。
…デスですか
おもろ
どこ？
ユーレカー!!
キャヤッ

ユーレカ!!
なんなの
あれは？
だから
アルキメデス
(B.C.287
〜B.C.212)
です。(注)
あんなすっぱだかで…
ギリシアでは
スポーツは
全裸でやる
ものです。
めずらしい
ものでは
ありません。
もっとも
スポーツ
をやるの
は男子だけ
ですが。
しかし、ふつうは
競技場でやるので
町なかを全裸で
走るのは、ちと
めずらしいです。
「ちと」じゃないでしょ
なぜそんな
めずらしい
ことをした
かというと
…
アルキメデスよ…
純金の王冠を作らせたが
どうも細工師が金にまぜものをして、金の一部をくすねたようだ
シラクサ王
ヒエロン2世

アルキメデスはシラクサ（シチリア島東岸の都市で、古代ギリシアの植民都市）の住人。流体中の物体は、それがおしのけた流体の重量に等しい浮力を受ける、という「アルキメデスの原理」を発見。

王冠の姿は
そのままで
調べろか…
む〜
む〜
む〜
…
フロにでも
はいろう
む〜
ざ
ざ
ざ
む？
ざー
む！
そうかっ
!!
がばっ
きゃっ
ということで、
さっきの
場面に
なります。
叫んでいた
「ユーレカ」という
ことばは、
「わかった」の
意味です。
王冠と、
それと同じ
重さの純金
とを
水をいっぱいに
はった容器に
入れて

あふれ出た水の量（つまりそれぞれの体積）をくらべれば
王冠の方が多い
純金
王冠
王冠に金より軽いものが混ざっている証拠です
えと…どーゆーこと？
だから密度をくらべたわけよ
そう
同じ重さで体積が大きいなら王冠の密度が純金より小さいということです
細工師がくすねた金の重さ分密度の小さいものを混ぜたわけです
ということで、細工師の不正はあばかれました。が、以後もまがいものは横行します。
そして、本物の金を作ろうという努力も行われます。
あ
それが錬金術ね
そう その理論的基礎は、アリストテレスでした。
アリストテレス（B.C.384～B.C.322）（注）

アリストテレスは古代ギリシアの哲学者。哲学、論理学、倫理学、自然科学、政治学など多方面（古代、それらはひっくるめて「哲学」と呼ばれた）で後世の学問に大きな影響を与え、「万学の祖」ともいわれる。

物質とは人間には感知できない「第一物質」に温・冷・乾・湿の性質が付加されて火・空気・水・土の四元素になります
火
乾
土
冷
水
湿
空気
温
たとえば温と乾の性質を持てば「火」の元素になる
この四元素の組合せでさまざまな物質になるのです
四元素も付加される性質が変わると互いに転換されます
たとえば水を加熱すれば水の「冷」が「温」に変わって
空気（水蒸気）に転換するわけです
（水）
冷+湿
温+湿
（空気）
すると
物質に何かの作用を加えるとちがう物質になるんだ
たとえば金とかに？
いいじゃない！

こうして、ヘレニズム時代(B.C.323～B.C.30)のアレキサンドリアで錬金術が発達しました。
地中海
アレキサンドリア
エジプト
ナイル川
紅海
アレキサンダー大王が作った町だよね
えーと…
そだね
で 私が錬金術師です
じゃ〜ん
わ うさんくさ！
うさんくさいのはマンガ家がわざとそう描いたからで…
だいたい「錬金術」という日本語がうさんくさくていけません
英語ならAlchemyですが
すなおに訳せば「化学」ですよ(注)
本来ね
物質の性質のもとである精（エリクシール）を解放して…

Alchemy の Al はアラビア語の定冠詞（英語の the に相当）で、つまりこの語はイスラム経由で伝えられた。すると、61ページの注の「一説」にある「神秘の学問」の意味で化学のことになる。

エリクシール
によって
物質を高貴で
完全なものに
するんですよ
金属で最も
高貴なのは
金だから
「錬金術」に
なるわけですが
金を作るのが
目的じゃ
ないんです
究極的には
人間の完成なんです
生命の根源である
「生命のエリクシール」
を得て、
人間の霊魂を
完全にして
神と合一する
というのが
最終目的で…
で
金は
できた
の？
金は？
金!!
あのね
そういう
がっついた
人がいるから
錬金術が
うさんくさく
見られるん
ですよ
がっついてる？
がっついてる！
実際は、
アリストテレス
の四元素の理論
は誤りなので
金はできない
のです。
なーんだ
帰ろ帰ろ

ジャビール（またはジャービル）の著作は、化学、薬学、冶金学、天文学、哲学、物理学、音楽など四〇〇冊を超えるといわれる。ヨーロッパではジーベル、ゲーベル、ジャビルなどと呼ばれる。

帰らないでください。
おっと
金は作れませんでしたが、錬金術は、化学の発達には役立っているのです。
アレキサンドリアの錬金術はその後イスラム世界に伝えられ、8世紀になってジャビール・イブン・ハイヤーンという大学者が出ました。
ジャビール(721?~815?)はアッバース朝最盛期のカリフ、ハールーン・アル・ラシードの宮廷学者です。(注)
上の図は15世紀にヨーロッパで描かれた肖像で実像は不明です
不明だから見えませんって
不明
私はランビキという蒸留器を考案して塩酸、硝酸、硫酸の精製をしました
ランビキ(alembic)
金も溶かす「王水」(塩酸3+硝酸1の混合物)の発明も私です

錬金術では金属を溶かす酸の作用が重要なのね
また
アルカリの概念も私が考えました
そしたらもう化学おしまいじゃない
ナナちゃん
化学は酸とアルカリだけじゃないよ
えー
自習を！
私の考えでは硫黄と水銀(注)を最適な割合で混ぜれば…
金になると考えています
その最適な混合比を調整する物質があって
それをエリキサと呼んでいます
へえ
後にヨーロッパでは、エリキサは「賢者の石」と呼ばれ、これを得ることが錬金術の大きな目的となりました。
え？
ヨーロッパに伝わった錬金術は、13 世紀以降盛んに研究されていきます。
ほらそこが錬金術師の工房です。

現在われわれが用いる元素としての硫黄と同じではない。近代化学以前では、融解しやすい、揮発性の、燃えやすい物質一般を意味する用語だった。水銀も同様に、固形のものを溶解したり、気化するものを液化するような物質一般を意味した。

クラスメートもいますよ。
あ～
あんた
また見境もなく
ほんとだヨシノリくん
よう
あっちにいる錬金術師の弟子という設定です。
君らもこの手袋にひっぱりこまれたの？
錬金術師になるためには高い学力と大きな財力が必要でした。
高い学力？
あんた単なるスポーツイベント要員でしょ
大きな財力って
親がヒラの会社員でお小遣い足りないって…
あのね
この手袋が
勝手に設定したことでね
そこはどうにも
手袋手袋って
こちらの名前は販促さん
ちがいますけど…

で、ヨシノリさんはさる大富豪の聡明な一人息子ということに…
うそぉ
あんたね
設定は自由にできるにしても程度ってもんがあるでしょ
おいおい
まあ学力については
錬金術の本というのはラテン語で書かれていてね
まずそれが読めなきゃならない
これって日本語じゃない
なにが学力よ
ですから、ことばなどは自然に同調するのです。
1スタテルの
アセモス、または
「ゲーベル著」か…
やっぱりジャビールさんすごいんだね
ま、ジャビールをはじめ、有名な学者の名をかたった本がたくさん出てます。その本も本物かどうか…
当時、学問のある人といえばまず聖職者で、修道院などで広く錬金術の研究がされていました。
修道士の錬金術は御法度《ごはっと》でね
何度も禁止令が出ている

財力についてはこういう本って高いんだよね
で書いてあることはわけわからないから
さらに別の解説書が必要になるし
そしてまた道具が高価でね
こんなでっかいランビキも使うし
ケロタキスといって金属に薬品の蒸気を反応させる道具もいるし
反応させる金属
ふるい
炉
水銀とか硫黄とか
使う薬品類も高価だし
何度やっても失敗ばかりで材料費はどんどんかさむし
結局金なんてできないわけだものね

パラケルスス（本名は長いので省略）はスイスの医師、錬金術師。イタリアのフェラーラ大学医学部卒業後医療の経験を積み、三六歳頃「（古代ローマの高名な医者）ケルススをしのぐ」という意味のパラケルススを自称するようになった。

というわけでヨシノリさんのような錬金術研究家は、金を求めて財産すべて食いつぶすか、
おいおい
なんだよそれは
でなければインチキ手品でニセの金をつかませるサギ師になるか、まあ、あまりいい未来はありません。
まあそんなところだろうねえ
ふーんだ
錬金術で金は作れませんでしたが、その過程で得られた膨大な化学反応の知識はいろんな分野に利用されていきます。
ま
医学では私でしょうなあ
は?
どなたですか?
パラケルススといいます
くわしくは横の注を
(1493(または1494)~1541)
病気というのは体の化学的組成の変化によるんだ
だから
化学作用をもつ物質によって平常の状態を回復することができる

すべての病気はそれぞれの場合に問題となる原質を加えるか除くかすれば治る(注)
病
原質
わかる?
わかりません
まあマンガの一コマニコマでわかるはずもない
興味があったら自分で調べてね
興味ないです
そーゆーことは言わない
で私はこう考えてます
錬金術の目的は効き目のある医薬品を作ることだ
金銀じゃないんだ
それで人間を完全にしていくわけね
パラケルススはそれまでの薬草などからでなく化学的に調製した薬品を使用する化学療法を導入しました。そこでパラケルススの後継者を医化学派といいます。
えー こんなもの飲むの?
効くから飲め
なおった〜〜
みろ

パラケルススは万物は硫黄・水銀・塩の三原質から成ると考えた。74ページの注と同様、硫黄、水銀、塩は現在使われている意味でなく、物質の中にあって物質をある状態にするもの。四元素説のような物質の基本元素ではない。

グラウバーはドイツの化学者、錬金術師。錬金術から得られる物質を化学薬品、医薬品として製造販売を行った。一六四八年、アムステルダムの錬金術師の住居を薬品製造所に改造したが、これは錬金術から化学への移行を象徴するものだった。

その後継者の中から、化学工業の元祖といえる人が出ます。
ヨハン・ルドルフ・グラウバー（1604〜1670）(注)
私はパラケルススを非常に尊敬しています
はたち前後のころウィーンへの旅の途中で……
ハンガリア病（発疹《はっしん》チフス）にかかったんですが
ノイシュタットにある泉の水がこの病気に効くというので飲んだら治りました
聞くと以前にパラケルススがこの泉の成分を研究していたそうで
そこから私はパラケルススの後継者になろうと薬剤師の修業をしたのです
病気になってよかったですね
そーゆー言い方は…
だってそれで一生の仕事が決まったわけじゃない

そして私は各種薬品の製造販売を行ったのです
塩酸を食塩（塩化ナトリウム）と硫酸から作るという簡便な製造法をあみ出しました
その時できる塩はグラウバー塩と呼ばれ万能薬として（注）売り出しています
錬金術師の最後はニュートンです。
え？
あの万有引力の？
ええそのニュートンです
わ
アイザック・ニュートン（1642〜1727）イギリスの物理学者、数学者で、錬金術師です。（次ページ注）
錬金術なんかやってたんですか？
まあね
ケンブリッジ大学の私の研究室では…

グラウバー塩は硫酸ナトリウムであり、薬効としては下剤の働きはあるが万能薬ではない。現在、入浴剤の主成分に用いられている。硫酸ナトリウムなどの硫酸塩を含む温泉は硫酸泉・硫酸塩泉と呼ばれる。

ニュートンは「三大発見」（万有引力、微積分法、光と色の性質）の他、物理学、数学に大きな貢献をしたが、錬金術にも多くのノート類を残し、二〇世紀の経済学者ケインズは「最初の近代科学者ではなく、最後の偉大な魔術師だ」と言った。

ほとんどの時間は神学と錬金術の研究をしてましたよ
すると万有引力なんかは片手間にちょいちょいと
さすがニュートンさん
んなこたあない
この人の集中力てのはすごいもんでね
あボイルさん
え？
だれ？
ただ私は錬金術なんかでなく化学は純粋に物質そのものを研究して…
ボイルさん その話は次の章で。
あ・お呼びじゃない
おや
もどったみたいね
あヨシノリくん
結局サギ師になったの？
途中でもどったんだよ
ふーんだ

第2章

化学革命

—17世紀前半〜19世紀半ば—

第5話
「化学」の独立
―ボイルおおいに語る―

今回は前回最後に名前の出たボイルの話です。
あのね
登校中なの
じゃましないで
ボイルの新しい化学の考え方が明らかにされるのです。
だから
じゃましないで
では、さっそく王立協会でボイルのインタビューをしてみましょう。
ではじゃないわよ
じゃましないでって言ってるのにゴーインに
遅刻したらどーすんのよ!
だいじょうぶ始業時間にはまにあいますから。スタッフもそろったようですし…
スタッフ?
なにそれ

オレがカメラマンで
あたしが照明兼音声係
みたいね
みたいねってボイルっていつごろの人？
ロバート・ボイル（1627～1691）アイルランドに領地を持つ貴族の子です。今は1662年です。
その時代にカメラとか音声とかおかしいじゃないのよ
いーじゃないですか要はふんいきですよ。ふんいき。
そんないーかげんな！
気持ちよく自習してもらうためですよ。
おーい行くぜ
まったく何考えてんだか…
ナナちゃんインタビューの資料読んだ？
アンチョコ
なんでそんなの読まないと…
だってインタビューアナナちゃんだよ
アンチョコ

え〜
販促さんがやるのを聞くんじゃないの？
わたしゃご案内と補足説明するだけですよ。
そんな何聞きゃいいのよ…
だから
アンチ
ョコが
…
あー
いつまでそこでゴチャゴチャやってんですか
ほら、ボイルさんお待ちかねですよ。
あ
どーも
どうぞおかけください
かけてますがね
あんたがかけなさい
えーカメラさん
まずわたしのアップから
次にボイルさん
あのね
そーゆーベタなギャグはしない
いて

まずは
…
……
この度の国王認可による王立協会の発足(注)おめでとうございます
こっち見なさい
これまでのみなさんの努力が認められたわけで…
まあね
どういう努力だかわかってる?
えーとそれは…
いい私が言うから
アン
チョコ
我々は新しい自然科学の進歩をめざしているのですよ
これまでの学問は昔の本を読むばかりでね実験なんかは職人仕事だとして見向きもしない
そんなことで自然の真理なんかわかるわけがない
だから我々は実地の実験や観察を通して自然の法則をさぐっているのです
ところでボイルさんは去年(一六六一年)『懐疑的な化学者』を出版されましたが

王立協会にもいろいろあるが、単に「王立協会」といえば「ロンドン王立協会」のこと。一六六〇年設立の現存する最も古い科学学会。この一六六二年、英国王チャールズ二世が正式に認可した。「王立」といっても運営等は協会が独自に行う。

そういう
ボイルさんの
化学と
これまでの
化学とは
どう関連
しますか？
実験という
ことでは
錬金術でも
たくさんやって
いますが…
ほとんど失敗
ばかりだけどね
経験上…
カメラさんは
しゃべらない
いてーな
そんなに
なぐるなよ
錬金術の歴史は
千年以上に
わたります
この間に
積み重ねられた
薬品の知識や実験技術は
我々にも貴重なものです
そうですね
酸やアルカリ、
合金の製造、
蒸留などの
物質の分解技術
など個々に見れば
かなり高水準だと
思います
棒読み
しない
よーに
アン
チョコ
けどね
残念ながら
それらは
全く体系化
されていない

彼らの方法には脈絡がないのね
行き当たりばったり、手当たりしだいに煮沸や混合や蒸留をして…
しかも物質の変化の説明に占星術とか神秘的な考えを持ち出すでしょ
自然の研究の正しい態度じゃないですよね
ではパラケルスス派の医化学については？
彼らは化学技術を使って薬品を作る
医者の立場からよい薬を作ることが目的です
そこは金目当ての錬金術とは違うところですが
しかし基本的には同じなんですねえ
どちらも自然科学の進歩をめざすのではなく特定の目的のために化学を利用しているだけです
目的
(金、薬)
利用
化学

はるか ボイルさんって いうとニュートン さんの とこで…
けど あれは 今より ずっと あとだから
なに 言ってるの？
今（一六六二年）だとニュートン さん二〇歳位 だよ
じゃ あの時の 話はしない 方がいいか
気に なる なあ…
えと
自然科学 の進歩と おっしゃい ましたが
一応聞いては いるのね
それが 我々の めざす もの ですが
彼らの 目的は そこには ない
だから いろいろな現象を 見落としています
私はね
化学を医者や 錬金術師として ではなく
一人の自然探究者 （ナチュラリスト） として研究したいと 思っているのです
ひとり！

その姿勢で化学を研究することで彼らの見落としを補うために何ができるか
というとことを試みてみようと思うのです
そのへんカメラさん経験者としてどう思う？
へ？
だめ　だめ
経験といっても設定に乗っただけで
裕福でもないし聡明でもないし
うるさいな
ボイルさんの考えはすばらしいと思います
化学を純粋な自然科学の一分野として
単に実用のためでなく真理探究のための研究分野と考える
化学の学問としての独立宣言ですよね
あんた熱あるんじゃないの？
ないよ　オレだってこれくらい言えるよ
熱熱熱熱熱熱

『実験的自然科学の有用性についての若干の考察』という題の本で一六六三年の発行。実際はこのインタビューの時点（一六六二年）ではまだ出ていないが、話の都合上出ているものとしているので、その点ご注意を。

独立宣言か
いい言葉ですけどね…
なんだか浮かない顔ですね
実用のためでない研究というのはすぐには世間に理解されないようなんですよ
逆にもっと実用的にと…
王立協会の連中は空気の目方を量るようなことしかしてないってね
自然探究としての科学は必ず文明の進歩につながるのですけどね
私はそれをわかってもらうために本まで書いていますが(注)
とはいえこの度正式に王立協会が誕生したのはボイルさんの目指す方向が認められつつあるのでは？
まあそうかもね
ここでちょっとコマーシャルを…
じゃなくて『懐疑的な化学者』という本の話を…

コマーシャル行ってもいいですよ
あんたらと話してると疲れる
ま　そう言わずに
あの本で元素について書かれてますがボイルさんの元素についてのお考えを…
元素についてはニつの主な流れがあります
火
土
空気
水
「四元素説」アリストテレス派
これとこれねー
水銀
塩
硫黄
「三原質説」アラビア起源パラケルスス派
四元素説はよくこんな理屈で説明される
木を燃やすとこのように元素に分かれるとね
空気
煙
火
炎
土
灰
水
じくじく出てくる
三原質説でもね何でもかんでも加熱すれば原質に分解されると言ってます

これらについてボイルさんは批判的で？
そうですよ
いったい何を根拠にそれらを元素と言うのか
いろんな物質を加熱分解すれば必ずその三つか四つになるわけじゃない
また私は金を強い火にかけましたがどんなに火を強くしても何の変化もしません
パラケルスス派が言ってる水銀・硫黄・塩のどの一つも分離されませんでした
きんっ！
強い火っ！
逆に私が実験してみると元素だとされているものが混合物質だったことがたびたびあった
それは決定的な反証ですね

パラケルスス派の連中は物質が三原質で構成されていることを証明したと断言しているが
話にならん
これらはどれも連中の頭の中でおおかたこうだろうと想像したことを目で見た事実の上に勝手に押しつけてる
う… セリフが…
彼らが言うように金が水銀・硫黄・塩に分かれるのをぜひ目の前で見せてもらいたいものです
実験費用は全部私がもちますから
たいそうな自信で…
ではボイルさん御自身の元素についてのお考えは？
基本は微粒子です
微粒子？
世界には大量の物質粒子が存在する
それらはあまりに小さくて個々の粒子は感知できない
けどもちゃんと形があってとても固い
小さくて固いのでそれ以上に分けることはできない

その微粒子がたくさん集まって初めて目に見える物質を作るわけですが
微粒子
集まり方Aっ！
木っ！
集まり方Bっ！
石っ！
この機械的運動と配列がすべての性質を決めるのです
パラケルスス派の言う三原質も根源的にはこれらの微粒子からなっている
だから各原質も究極的なものでなくて
要は微粒子の集まり方、会合の仕方が異なるだけなのです
ということは微粒子の結びつき方を変えればちがう物質になるわけね
たとえば鉄と金とでは微粒子の配列がこうなっているとしましょう
○微粒子
鉄
金

ならば なんらかの方法で 配列を変えれば…
き…
金になると…!?
そう
どんな物質も 金に変えることが できる けどね
最初に言ったように それは化学という 学問の目的ではない
そこを 忘れないで ください
すると 結局…
錬金術と ボイルさん とでは 元素についての 考え方はどう…?
アリストテレスの 四元素 パラケルススの 三原質
どちらもすべての 物質に常に例外なく 見いだされると言う
ただ配分が ちがうだけだ とね
私は 仮に一定数の 元素があった としても
常にその全部が すべての物質に 含まれている 必要はない と思う
そのいくつかが ある物質を作り 他のいくつかが 別の物質を作る というのも 可能だろうと
はあ
それは 新発想 ですね

もしすべての物質に常に存在するものということとならば
そういう「元素」は先ほど言った微粒子以外にはない
あのう…
ん？
なんですか照明兼音声さん
今のお話実験で確認されたんですか？
いや今のところは仮説ですね
じゃあ四元素説や三原質説と変わらないんじゃ…
そうですよ
頭の中で想像したことを勝手に事実に押しつけてる
ボイルさんが言うように微粒子が集まってたとえば金になるのをぜひ目の前で見せてもらいたいものです
実験費用は全部ボクらがもちますから
言うね！
言うねえ!!
ボクら？
あんた一人でもちなさい

ま
実際のところ私もそこらは詰めきれてはいないんですが
私の元素説は今科学者の間ではやっている原子論(注)の流れをくんでいるんです
私はその流れが正しいと思っている
とにかく金とか銀とか具体的な元素は
ボイルさんの考えにはないわけですね
アンチョコ
そういう今使われている意味での「元素」はあとの第7話（136ページ〜）で出ます。
あ 今までさぼって…
ボイルさんといえば「ボイルの法則」が有名ですね
ありがと
「ボイルの法則」一定温度のもとで一定量の気体の体積は圧力に反比例する。（ボイルが1662年に発表）
それもね原子論の「真空中を微粒子が飛び回っている」という考えで理解できる
真空の実験をやった時に気がついたんですが

原子論は古代ギリシアのデモクリトス（前四六〇頃〜前三七〇頃）が唱えたもので、このころ改めて見直されてきた。デモクリトスの説は、「事物は空虚の中を運動する原子（アトム：分割されないもの）の結合・分離に基づく」というもの。

空気を吸引すれば
中の空気は薄くなります
ポンプ
引くっ!
伸びるっ!
また空気を入れれば濃くなる
空気は伸び縮みするつまり弾性があるということです
空気
空気はバネのような粒子の集まりと考えればいいわけね
バネのような粒子?
そうで
空気の体積とその弾力度(圧力)との関係を調べると反比例だというわけ
長時間のお話ありがとうございました
ロバート・ボイルさんでした
ども
よーし撤収撤収
あら
アンチョコ
なに?ナナちゃん
ボイルさん酸・アルカリの指示薬の考案者だって
アンチョコ

そうですよ
私は酸を「植物の汁の色を赤く変えるもの」と定義してます
おっと
まだいましたか
指示薬として使えるのはスミレ、バラなど
あとリトマスゴケ
リトマス？
そうです。現在も使われているリトマス試験紙はリトマスゴケから抽出された色素を利用しています。もっとも現在では人工合成されたものが多いですが。
ふうん
ナナちゃん遅刻するよ〜
え？
キーンコーンカーン
なによ始業にまにあうって言ってたでしょ！
ほら〜販促さんと口論なんかしてるとー
まにあわせましたよ。
キミ遅刻ね
あら
がっこう

第6話
フロギストン説

なに
ここ
まっくら
じゃない
あ
ナナちゃん
来た
おう
てことは
販促さんの…
今は18世紀
半ばの時代
です。
一七五〇年
前後という
ことね
はい
そうです。
まずは、
そのドアを
おはいり
ください。
ドア?
あ
これか

ぎぃ
わ！!!!
出た〜
出たとはなんじゃ ヒトを幽霊みたいに
あの…生きているんですか？
いや死んでる
じゃあやっぱり幽霊じゃないですか〜
うーむ
ま　そうなるか

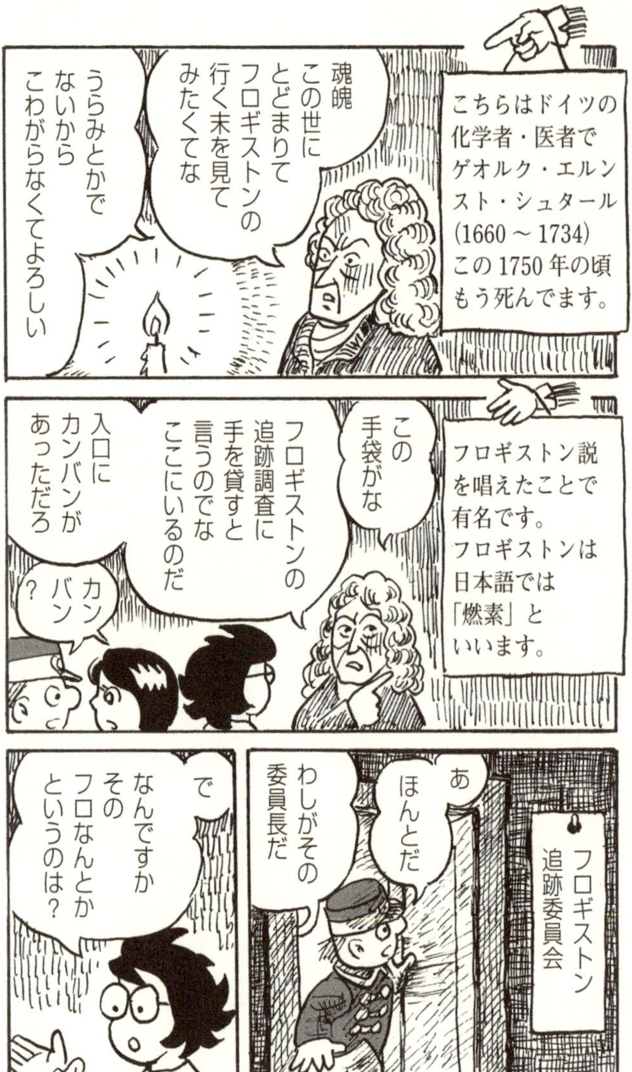
こちらはドイツの化学者・医者でゲオルク・エルンスト・シュタール(1660～1734)この1750年の頃もう死んでます。
魂魄この世にとどまりてフロギストンの行く末を見てみたくてな
うらみとかでないからこわがらなくてよろしい
フロギストン説を唱えたことで有名です。フロギストンは日本語では「燃素」といいます。
この手袋がな
フロギストンの追跡調査に手を貸すと言うのでなここにいるのだ
入口にカンバンがあっただろ
カンバン？
フロギストン追跡委員会
あ ほんとだ
わしがその委員長だ
でなんですかそのフロなんとかというのは？

委員なのに知らんのか
わたし委員なの？
そうですよ。ここは委員会室ですから。
まあいい
このロウソクを見なさい
燃えてるな？
燃えてますね
燃えるとはどういうことだ？
光と熱が発生して…
あ　焼肉初めて食べたのわたしです
なんじゃそりゃ
いや　どーでもいーことですが
燃えるということは
ロウソクで言えば融けたロウがフロギストンを放出することだ
フロギストン

たとえば木が燃えて灰が残るというのはこういうことだ
フロギストン
燃えっ！
木っ！
灰っ！
木＝灰＋フロギストン
フロギストンの放出
燃えっ！
灰
金属の粉末を加熱すればパサパサした灰のようなものになる
これも燃焼だ
フロギストン
鉛の粉末っ！
加熱っ！
鉛の金属灰っ！
鉛
＝鉛の金属灰
＋フロギストン
フロギストンを放出すれば金属灰になる
上の鉛の金属灰に木炭の粉末を加えて熱するとこうなる
木炭の粉末っ！
鉛の金属灰っ！
加熱っ！
鉛っ！と木炭の灰っ！
この反応はフロギストン説でかんたんに説明できるのだ
鉛の金属灰＝鉛－フロギストン
木炭＝灰＋フロギストン
鉛の金属灰＋木炭
＝(鉛－フロギストン)＋(灰＋フロギストン)
＝鉛＋灰
木炭のフロギストンが鉛の金属灰に移って結合っ！

で
昔ゲーリケ(注)とかボイルとかが真空の実験をした時に①がわかり②のことも周知の事実だ
燃焼には空気が重要な役割を持ってるんだな
①真空中では燃焼現象は起きない
②
燃えっ！
密閉するっ！
しばらくして
消えるっ！
どんな役割かというと空気はフロギストンの受け取り役なのだ
受け取る空気がなければフロギストンの放出、つまり燃焼は起きない
フロギストン
空気
また
受け取る量には限界つまり飽和点がある
飽和点に達すればそれ以上フロギストンは飛び出せないから
上の図でロウソクが消えたのだ

オットー・フォン・ゲーリケ（一六〇二〜一六八六）はドイツの物理学者でマグデブルク市長。真空ポンプを発明して真空現象を研究。「マグデブルクの半球」の実験の公開は有名。

このように燃焼現象は我が輩のフロギストン説で統一的に理解できるわけだ
えへんっ
幽霊なのにいばりますね
幽霊はいばっちゃいかんのか
あ
いえ
そんなことありません
ただ
問題はある
まずフロギストンの実体がいまだに不明なことだ
空気との反応もよくわからない
それに金属灰…
フロギストンを失えば軽くなるはずなのに金属灰はもとの金属より重くなる
これはまあフロギストンが飛び出した後に何かが結合したのだろう
ボイルは燃焼の際に「火の粒子」が結合して重量を増すとしている
ボイルさんいろいろやってるね
ね

フロギストンは負の重さを持つと言っている者もいるが
ともかくフロギストンそのものをこの目で確かめないとわしゃ浮かばれんのだ
おっ
追跡装置に反応が…
追跡装置？
ピピッ
その手袋くんが調達してくれてな
フロギストン説の新たな展開を知らせてくれるのだ
あんたね
すっかり手袋さんになっちゃった
ま、名前などどーでもいーです。
おー見えてきた
なんかひどくオカルトチックだなあ…

一七六六年のイギリスだ
了解！
委員諸君飛べっ！
はい飛びました。
安易だなあ
なによまた暗いじゃない
暗いのは私の心理状態の反映でほんとは明るいのです
うわっ
また出たっ
出て来たのはあなたがたでしょう
はあ　まあそうですね
ほんと暗いのはその人のとこだけ…
明るいっ！

で
あなたは
生きて
いるん
ですか？
は？
そんな
失礼な
ことを
言う人は
帰れと
言ってる
のよ
たぶん
んー
ぼくら
フロギストン
追跡委員会の
ものですが
おー
フロギ
ストン
どうも私は
フロギストンを
つかまえた
ようなのです
ええ〜!!
そんな
…
大仰《おおぎょう》に
驚かれると…
私は恐縮
するばかりで
…

いったいあなたはどなたですか？
いえとても名のるほどの…
イギリスの科学者ヘンリー・キャヴェンディッシュ(1731～1810)です。
極度の人間ぎらいでほとんど人と言葉をかわすことがありませんでした。
人間ぎらい？
人がいると暗くなるのです
けどデヴォンシャー公爵家の血すじで大金持ちです。
えーこの暗さで？
暗さと金持ちは関係ないと思うよ
こちらへ…
亜鉛、鉄、スズなどを酸にひたすと…

このように
空気(注)が出てきます
私はこの出てきた空気を調べました
まず軽い
ふつうの空気の一一分の一です
正確な値は14.4分の1です。
いつ帽子とった?
あ
気がつかなかった
そしてよく燃える
ポッ
私はこれを「燃える空気」と名付けましたが
金属から酸によって追い出されたフロギストンじゃないかと思うのです
それにこの「燃える空気」を金属灰に通して加熱すると元の金属になるんですよ
おー
そりゃフロギストンだ

注　125ページに示されているが、このころ気体を表す言葉は大気の意味の「空気」（英語ならair）しかない。ここでキャヴェンディッシュが言っている「空気」は水素のこと。

というような発見がありました
うほほっ
やったねっ
幽霊が踊ってる
めずらしいね
幽霊は踊っちゃいかんのか
いえどうぞご自由に
待てまた追跡装置が…
一七七三年ごろのスウェーデンだ
行けーっ!!
おーっ!!
「おー」といっても…
「ごろ」ってどこ行きゃいいんだ

公表するのがあとになって実際やったのがいつだかはっきりしないので「ごろ」となっていますが
ここでいいんですよ
おーっと
今度はうしろから…
スウェーデンの化学者カール・ヴィルヘルム・シェーレ（1742〜1786）です。今は1773年「ごろ」です。
こちらでフロギストンについて何か発見を…
ああしましたよ
おおっ
燃焼は空気が関係しています
ですから私は空気を徹底的に調べました
硫肝水(注)という薬品は空気の一部を吸収します
その吸収を十分な時間やった後…
密閉容器
空気
硫肝水
2週間吸収させる

(注) 硫黄を炭酸カリウムといっしょに溶かして作った物質。肝臓色を呈するのでその名がある。

容器の栓《せん》を水の中で取ると約三分の一水がはいります
$\frac{2}{3}$は残る
水
吸収された$\frac{1}{3}$の分だけ水がはいる
残った三分の二の空気の中では燃焼は起きません
フロギストンは吸収された三分の一の方でしか放出ができないのです
ロウソク消える
残った$\frac{2}{3}$の空気
また一方
軟マンガン鉱（二酸化マンガン）を濃硫酸に入れて加熱するとアワが出ます
これを集めて
濃硫酸と軟マンガン鉱
出てきたアワ
袋（動物の膀胱）にためる
炉
加熱っ！
ビンに満たして火のついたロウソクを入れると…
集めた気体
大きな炎を上げて明るく輝きました

その空気がロウソクのフロギストンを受け入れているわけで私はこれを「火の空気」と呼んでいます
ほおー
へえー
硫肝水に吸収されるのがこの「火の空気」だということも確認しました
フロギストンを受け入れない方は「傷んだ空気」と呼んでますが
空気は三分の一が火の空気三分の二が傷んだ空気という二種類の混合物なのです
まだ公表されていませんが
シェーレさんがそんな発見をしていました
むふふ火の空気かいいねえ
しかし…
空気が二種類に分かれる?
空気は四元素の一つだぞ
分かれちゃまずいじゃないか

四元素説はもうダメということでしょう
ボイルさんも言ってたし
キミね…
そう簡単に…
と言っている間に
一七七五年のイギリスで何かあったぞ
行きますっ！
わっ
なんだこのビンは？
やあすみませんね
そこかたづけてなくて
いてて
なんですかこのビンは？
人工鉱泉水をつめるんですよ

人工鉱泉水?
ピルモント水というのはごぞんじですか?
ドイツのピルモントという町でとれる鉱泉水で
シュワ!
アワの出るさわやかな水です
これがイギリスじゃ高くてね
で
私は人工的に同じものを作る方法をみつけて安く売ってるのです
一七六七年ごろ私はビール工場のそばに住んでいて化学実験などはその工場でやっていたんですが
ビールの発酵で出るアワの空気はふつうの空気より重くて発酵　の発酵液の上にたまったままになってます
アワの空気
発酵液

これはブラックの発見した「固定空気」(注)でこの空気の中では燃焼は起きません
ロウソクの火が
消える
この空気は水に溶けます
私はこんなことをやってみました
水のはいったコップ
空のコップ
こういう二つのコップを使って…
上から固定空気の層を通過させて下の空のコップに水を移します
固定空気層
発酵液
上下のコップを入れかえて何度も水を移動させると
なんとピルモント水とほとんど同じものができたのです
シュワー
つまり炭酸水を作ったわけです。

（注）125ページ参照。そこに示されているように「固定空気」は炭酸ガス（二酸化炭素）のこと。

引っ越した後は白亜（炭酸カルシウム）に酸を加えてガスを作って人工鉱泉水にしてます
それに酸味とかちょこっと味つけして売ってるのですよ
もうバカ売れ
のちに炭酸ソーダ（炭酸ナトリウム）と酸で炭酸ガスを作るようになって、この水はソーダ水と呼ばれるようになりました。
火が消えるのはそれらしいけど…
どうも関係なさそうだな
単なる商売人だよ
ほかをさがそ…
商売がんばってねー
あなたがた
脱フロギストン空気のことで来たんでしょ
え!?
フロギストン!?
わ

あなたがたは瞬間移動ができるのですか？
販促さんがね
そんなことよりその脱フロギストン空気の話を！
この人は商売人でもありますが、イギリスの牧師で化学の研究もしたジョゼフ・プリーストリ（1733～1804）です。
この時代のはやりでもありますが
私も空気の研究をしているのです
このレンズでいろんな物質を加熱して
出てくる空気を調べまして
でかっ
水銀を加熱すると水銀灰ができますが
その水銀灰を高温で熱すると空気が出るのです
水銀灰っ！
空気
水銀っ！
つまりこういうことです。
2HgO ⟶ 2Hg ＋ O2
水銀灰 （加熱） 水銀 酸素

その空気を集めて
火のついたロウソクを
ボワッ
いやあびっくりしましたね
ロウソクがすごい勢いで燃えたのです
つまり
この空気はフロギストンを強力に引き込んでいるわけです
水銀灰の加熱で発生した空気
フロギストン
ということはこの空気はフロギストンが欠落した状態にあったのです
私はこれに「脱フロギストン空気」と名前をつけました
おー
すごいっ

密閉容器にこの空気を満たしてネズミを入れるとふつうの空気よりずっと長く生きているのも確認しまして…
ねえ これ シェーレさんの火の空気のことじゃないの？
けど あっちはまだ公表してないから
聞いてます？
あ
聞いてます 聞いてます
ご高説ありがとうございます
商売がんばってねー
研究をと言った方が…
「脱フロギストン空気」か…
いい名前じゃないか
ちょっとここで気体化学の発展について…

年	事項（現在の名称）［発見者（国名）］
1754	固定空気（炭酸ガス）の発見［ブラック（イギリス）］
1766	燃える空気（水素ガス）の発見［キャヴェンディッシュ（イギリス）］
1769〜1773	火の空気（酸素ガス）、傷んだ空気（窒素ガス）の発見［シェーレ（スウェーデン）］…公表は1777年…
1772	フロギストン化空気（窒素ガス）の発見［ラザフォード（イギリス）］
1772	硝石空気（一酸化窒素ガス）、酸空気（塩化水素ガス）の発見［プリーストリ（イギリス）］
1774	アルカリ性空気（アンモニアガス）、硫酸空気（亜硫酸ガス）、減容硝石空気（亜酸化窒素ガス）の発見［プリーストリ（イギリス）］
1774	脱フロギストン塩酸（塩素ガス）の発見［シェーレ（スウェーデン）］
1775	脱フロギストン空気（酸素ガス）の発見［プリーストリ（イギリス）］
1781	水素ガスと酸素ガスの混合物に電気火花をとばすと水が生ずる［キャヴェンディッシュ（イギリス）］
1783	空気の組成の最初の精密分析（酸素20.83%、窒素79.17%）［キャヴェンディッシュ（イギリス）］
1783	強熱した鉄の管に水蒸気を通すと分解されて水素ガスが生ずる［ラヴォアジエ（フランス）］

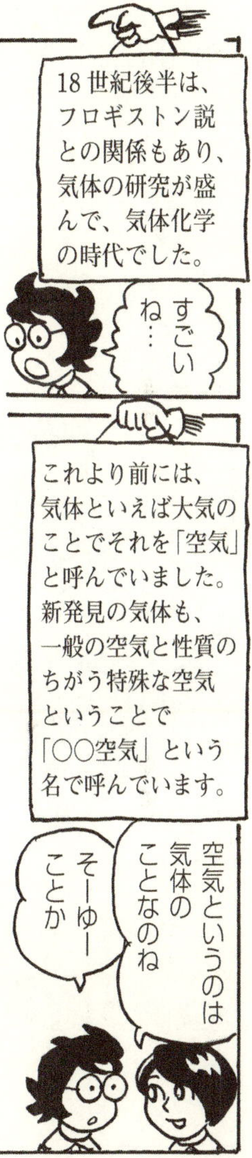
18世紀後半は、フロギストン説との関係もあり、気体の研究が盛んで、気体化学の時代でした。
すごいね…
これより前には、気体といえば大気のことでそれを「空気」と呼んでいました。新発見の気体も、一般の空気と性質のちがう特殊な空気ということで「○○空気」という名で呼んでいます。
空気というのは気体のことなのね
そーゆーことか

手袋くんの解説もためになるのう
やどーも。
ん?
ピピッ
なんだ?追跡装置が赤くなったぞ
一七七七年
フランスだっ!
行きますっ
う…
む…
しかし…
なんか不吉な…
行かない方がいいんですか?
いや…まあ…行ってくれ

えーと こちらですか
フロギストンについて新発見をしたのは
フロギストンの新発見？
まあ そうだね
フロギストンなんぞな～い!!
ということを発見したわけで
ええ――!!
ははあ これか 赤くなって不吉だというのは
幽霊さんがっかりするよ
シュタールさんでしょ
この人はフランスの化学者。アントワーヌ・ローラン・ド・ラヴォアジエ（1743～1794）です。
なに これ？

フロギストンは存在しないと？
そう
私もはじめはフロギストン説を認めていましたが
問題は金属灰ですよね
燃焼で重くなるということは…
何かが出ていくのでなく
何かがくっつくということじゃないか？
フロギストン
金属
何か
金属
何かとは何か？
そりゃ空気ですよ
空気
金属
で私はこういう実験をして一七七四年四月に論文発表しました
こーゆー器具をレトルトといいますが
ガラスのレトルトに正確に重さを量ったスズを入れ、加熱して少し空気を抜きます
あとの加熱で爆発しないようにです
スズ

そして口を熱して
ガラスを融かし
密閉します
ふさぎっ！
このスズのはいったレトルトの重量を測定した上で…
加熱してスズを完全にスズ灰にして
その状態で再び重量測定
ここで口を開けると
シュッ
シュッと音がして空気がはいりました
その状態でまた重量測定
切り取った口先も
そしてレトルト内のスズ灰を取り出して
スズ灰の重量測定

という実験なんですが
これで何がわかったかというと
その前になんですかこれ？
説明役といいますか
その手袋さんのような
ちょっとちがうと思いますが。
それは販促さん…
何がわかったわけですか？
まず
密閉状態でスズがスズ灰になった時レトルト全体の重量に変化はありません
つまりボイルの言う火の粒子などは、はいりこんでいないわけです
そして口を開けて空気がはいった状態では開ける前より〇・二g重くなっていました
また
スズがスズ灰になったあとの重量増加も〇・二gでした
それが何を意味するかというと…

空気とスズが結合してスズ灰になった！
そうですそうです
フロギストンはないんだと
その通り！
その後
その一七七四年の一〇月になってプリーストリさんがたずねてきて
ぼんじゅーる
水銀灰の加熱で出てくる空気の話を聞きました
その話を重要なヒントにして私は次のような実験をしました

このような装置で水銀を一二日間ぶっとおしで加熱します
水銀と結合した空気の量は、釣り鐘形をしたガラス器の水銀面の位置変化でわかります
空気
つながっている
空気
水銀
水銀
炉
空気が減れば水銀面上昇
はじめはね空気全体が燃焼に関係すると思ってたんですが
どうもちがうようで
この実験ではっきりしました
できた水銀灰は二・九gで空気は一一五～一三〇cm^3減少しました
空気の一部しか関与しないのです
そして関与しない残った空気
この空気の中ではロウソクは消えるし生き物は瞬時に死ぬ
シェーレさんの傷んだ空気だ
うん

傷んだ空気？
まだ未公表ですが空気はその二種類に分かれるという発見が
ぶい
に！
そうか真実はいずれ明らかになるものだ
空気は元素ではないということね
でこの実験に引き続いてプリーストリさんの実験を再現しました
ただし定量的にね
一般に金属灰から元の金属を得るには木炭などを混ぜて加熱しないといけませんが
水銀灰なら加熱だけで結合した空気と水銀が分かれるのでわかりやすい
前の実験でできた二・九gの水銀灰を加熱したら
プリーストリさんの空気が前の実験での減少量と同じ一一五～一二〇cm³出たのです
おー
やった

燃焼に関与する空気は私がのち（一七七九年）に酸素と名付けますが
「燃焼とは酸素と物質が結合すること」であり、また「空気は酸素と燃焼に関与しない空気（窒素）との混合物だ」というのが一七七七年の私の報告です
というわけでフロギストン追跡委員会はその任務を終了したと考えます
何ということだ…
これは…
確定なのか？
そりゃもう二一世紀でも燃焼は酸化だと習ってますし
二一世紀まで行ったのか？
行ったというか来たんですが…

まあ この一連の 発見も フロギストンを めぐって出て きたわけで
役割は十分 果たしたと 思って ここらで 成仏を…
そう簡単に 行かんわ
それにワシは キリスト教徒だ
成仏 なんぞ…
だってもう うすくなって ますよ
え？
しょうが ないか…
引き際も だいじだから なあ…
行っちゃった ね…
ちょっと さびしいね…
こちらは 引き続き ラヴォアジエ の話で…
あ このまま 続くの？

第7話
ラヴォアジエによる元素概念の確立

おや
忘れ物ですか?
いえ そういうことでなくて
タイトルから察するにここではあなたの元素の概念の確立を追う話らしいから
察するってそのままじゃない
ここを委員会室にすることにしました
元素概念 追跡委員会
はがさないでください まだかわいてないんで
ロウソクはいらないでしょ

ラヴォアジエさん自身の話だからそれもいりませんよ。
えー
そんなのつまんないよ～
せっかく持ってきたのに
じゃあ年代だけ。
よーし
ん～
一七七〇年！
一七七〇年というと
水の性質と元素転換について発表した年ですね
アリストテレスの四元素説では
元素が他の元素に転換すると言ってます
70ページを見よう
漫画家
水の蒸留をくり返すと水が土に変化するという実験報告があってね
えぇっ
水が土に？
これはペリカンという器具です

この下の部分に水を入れて加熱します
蒸発した水は上の部分で冷やされまた下にもどります
こうして長時間加熱すると水の中にフワフワした固形物が生じるのです
実際そういう固形物ができるのでしょう
けどね
元素というのは物質のおおもとなわけでしょ
その「もと」のものが変わるなんてことがほんとにあるのか
そこで　私はこういう実験をしました
まず空のペリカンの重量測定
次に水を入れて重量測定
その差が水の重量ね

これを一〇一日間加熱を続けた後
一〇一日?
そのくらいやらないとね
三〇日くらいでやっとフワフワしたのができ始め少しずつ増えます
そのまま重量測定
また中身をあけたペリカンのみの重量測定
中身あけた
フワフワ物質の重量測定
そして中身の水を蒸発させて残った固形物の重量測定
テッテー的に重さを量るんですね
そうです
重量の変化によって反応の機構がわかってくる
当然密閉した状態なら反応前と反応後で全体の重量に変化はない

無から何かが生じることはないし何かが消えてなくなるということもない
あたりまえですよね
これが後に「質量保存の法則」と呼ばれるものです
このように化学実験にてんびんを使う方法は
イギリスのブラックさんが最初に始めました
ブラックさんはふつうの空気と性質のちがう固定空気（炭酸ガス）を発見して気体化学の時代を開いた人です
そうだよ販促さんの解説の先頭にあったよね
えーとそーだっけ
自習を!
125ページです。
ジョゼフ・ブラック（1728～1799）イギリスの科学者です。
ブラックのてんびんの使い方を紹介します。
私はエディンバラ大学の化学教授でしたが

このころの大学の授業料は受講申し込みの時に直接教授に渡していました
ところで金貨は比較的やわらかいので
ふちを少しけずって金を取ることがよくありました
化学受講受付
あ
これだめね
だからこうして目方の足りない金貨は受け取りませんでした
なによ化学実験と関係ないじゃないの
てんびんは誤ることのない確かな証人ということですが
…
ま余談はさておいて
あ
余談ですか
さっきの実験の結果ですけどね
加熱前後で中身のはいったペリカン全体の重量は同じでした
前
後
フワフワ
重量同じっ！

でもって ペリカン自体の 重さが減って いたんですよ
そのペリカンの 重量減少分と 水の中にできた 固形物の重量(注)とは ほとんど同じ でした
なんのことはない ガラスの成分が 水に溶け出して いたんですね
それについては スウェーデンの シェーレさんがね
この固形物質は ガラスの成分と同じだと 証明しています
ラヴォアジエさんの 質量測定と いう物理的 手法と シェーレさん の化学的手法 の二つの方法 で同じ結論に 達したわけ ですね
えーと
次は 一七八三 年
ああ
それは 水が元素じゃ ないという証明を 発表した年です
それに ついては
イギリスの キャヴェンディッシュ さんに…
ん…?

注 目に見える「フワフワ物質」と水に溶け込んだ目に見えない物質の重量の和。

なにやってんですかキャヴェンディッシュさん
やめてください私は人前には出たくありません
そう言わずに!!
わっ
さっきだって出演してたでしょうに
あれはあの方たちが勝手に出てきたから…
あいかわらず暗いねえ
また帽子だよ
水の合成の実験について…
はあまあそれでは…
これは発表は一七八四年ですが実験そのものは一七八一年にやったのです
私の発見した燃える空気とプリーストリさんの脱フロギストン空気とをガラス器内で混ぜて…

そこで電気火花を起こすと
爆発して…
ボンッ
ガラス器の内部がくもっていました
水ができたのです
くもりっ!
燃える空気二に対して脱フロギストン空気一という体積比でちょうど過不足なく反応して水になるようです
はじめは燃える空気がフロギストンだと思っていましたが
この実験によりフロギストンと水とが結合したのが燃える空気なのだと…
あなたまだフロギストンにこだわっているんですか
いやこだわるというか…
ね
だからそんな妄想が浮かばないように定量的な実験が必要なんですよ

まず私は赤熱した鉄の管に水蒸気を通すとキャヴェンディッシュさんの「燃える空気」つまり水素が発生することを確認しました(注)
それを定量的に測定するために作った実験装置がこれです
らせん状にした鉄の薄片
ガラス管
水蒸気が通る
発生したガス
冷却器
水
炉(2)
炉(1)
ビン
水がたまる
炉(1)で発生させた水蒸気が炉(2)のらせん状の赤熱した鉄と反応して水素を発生し、鉄は黒い酸化物になります
その後水蒸気は冷却して水にもどし発生した水素は別に集めます
反応後に冷却回収された水の重量は蒸発させた水の重量より減っていて
こんな結果になりました
水の減少量　100グレーン
鉄の重量増　85グレーン
(鉄→酸化鉄)
水素発生量　15グレーン
(当時の１グレーン＝0.053g)

この段階では発生した気体は「燃える空気」と呼ばれ、「水素」の名前は146ページで命名された以降に使われるわけであるが、わずらわしいのでここから「水素」で呼ぶ。「酸素」も同様に。

水一〇〇グレーンが鉄を酸化させた酸素八五グレーンと水素一五グレーンとに分解されたわけです
水は酸素と水素が八五対一五という重量比で化合したもので
元素ではなーい
ということを明らかにしたのです
「燃える空気」は水の素となるものだから「水素」と命名しました
私は他の科学者と共同で物質の命名法を確立したのです
酸の素だから「酸素」とか…
実際は酸は、水素イオンが素になっていてラヴォアジエはこの点ではまちがっていました。
酸素と結合した化合物は「酸化〇〇」と呼ぶとかね
化合物はそれが含む元素をもとにして名前をつける
そういうことを仲間たちと協力して『化学命名法』という本にしてまとめました
おっと

次出た一七八九年
はい
その年私は『化学要論』という本を出しました
これは化学の理論を体系的に示したものです
私の重量測定実験の根本原理である質量保存則もこの本に書かれています
この本で重要なことは
化学のいろんな反応は元素の結合の法則で理解できるということです
元素といっても
昔の四元素説や三原質説とは全くちがう定義によるものです
四元素
三原質
おーラヴォアジエさんの元素概念!!
元素概念追跡委員会としてはそこが聞きたいところで
化学的意味での元素は複数の物質の化合物でないものつまり「単体」です

現在では、単体は「一種類の元素からできている物質」、元素は「物質構成の基本要素」と区別している。

私たちの現在持っている技術ではそれ以上分解できないもの
それを化合物でない「単体」とみなす
それがつまり元素です(注)
元素概念
おー出た!
なぜか光ってる!

私はできる限りの技術を使って単体の分離に取り組みました
そしてこの本にこのような「単体表」をのせたのです

元素とみなすことのできる単体	光 熱素 酸素（脱フロギストン空気　最良の空気　生命の空気） 窒素（フロギストン化空気　毒気） 水素（燃える空気） （　）は旧名
非金属性の単体	硫黄　リン　炭素 塩酸根　フッ酸根　ホウ酸根
金属性の単体	アンチモン　銀　ヒ素　ソウエン コバルト　銅　錫　鉄　マンガン 水銀　モリブデン　ニッケル　金 白金　鉛　タングステン　亜鉛
土類としての単体	石灰　マグネシア　バライタ アルミナ　シリカ

他にもまだ元素はあるだろうし
ここにあげた中でも将来分解できて元素でないとされるものもあるでしょう
まあ現在の化学の限界がこの表だということですよ
この土類のとこは見たおぼえないからあとで分解されるんだろうなあ
おっしゃるとおり
そのへんは金属の酸化物かもしれないのですよ
光や熱も元素になってる
それらはね
化学の反応の説明には必要なものなんですが質量はないんですよ
まあ仮説として入れてあって…
ん？
ラヴォアジエさん？
声はすれども…
このころはエネルギーという考えがないため仮定の元素とされたのです。

見て
また赤くなって…
ピピピ
一七九四年！
ラヴォアジエさん！なんですかこの年は？
ラヴォアジエさーん!!
待って
今度は場所も出てる
監獄だっ
監獄？
委員諸君！飛べ!!
了解!!
お前も行くんだよっ
あ

どたどた
なんとも あなたがたは 神出鬼没 ですね
あ
ラヴォアジエ さん
重い
どいて
どうして あなたが こんな所に …？
革命ですよ
パタパタ
一七八九年 に…
ああ 『化学要論』 を出した年
ええ 奇《く》しくもその年 フランスに革命が 起きまして
フランス 大革命だ

フランスの革命以前の旧体制下、関税、タバコ税、塩税、一部の酒税などの税を集める仕事をした人。国に一定の額を支払った残りは徴税請負人組合で分け合う形なので、厳しい税の取り立てを行い、莫大な財産を築く者が多かった。

フランス王国は フランス共和国に なりました
それは それでいいの ですが
その後が いけません
政敵の 粛清とか ささいなことでも どんどん死刑になって
恐怖政治ですよね
そして今回は 徴税請負人 です
徴税 請負人?
横に注が あると思うよ
私もその一人ですが 請負人全員 逮捕されまして
なぜ 徴税請負人 なんかに…
実験の 器具とか 金かかるん ですよ
私はそれでも 公正にやって きたつもりですが
中にはあこぎな 取り立てをする 連中もいて…
それでなくても 税の取り立て人 なんぞは人には 憎まれるもので

私を含めほとんどに死刑が宣告されました
死刑!!
私については科学上の業績をあげて弁護してくれた人もいましたが
裁判長の言うには「共和国に科学者は必要ない」んだそうです
そんな…
理不尽な…
今はギロチンの準備を待っているところです
アントワーヌ・ローラン・ド・ラヴォアジエ！
出ませい！
おっと
来ました
さようなら
あなたがたと会えて楽しかったですよ
ラヴォアジエさん…

うおーーっ
ラヴォアジエさん…
おおーー
どんっ!!
ひっ
ラヴォアジエさん…

くう～
あなたは？
ラグランジュという数学者ですけどね…
なにをおなげきで…？
これがなげかずにいられますかっ
ラヴォアジエが処刑されたんですよっ
ガン
あの頭…
打ち落とすのは一瞬だけど
一世紀かけてもあのような頭は出てきませんよっ
あんたねえ…
空気読めないねえ…
では、次は原子のお話。

第8話 ドルトンによる原子論の確立

「元素」と「原子」はどうちがうの？
ちょっと長くなりますので横の注を見てください。
するとカンバン直さないとね
「原子論」追跡委員会だね
ねえ紙とノリは？
そんなの持ってきてないよ
人んちの玄関先で何やってんですか？
あらもう来ちゃった

「元素」と「原子」はともに物質を構成する基本要素を表す言葉だが、「原子」が実体を持った具体的な粒子を指すのに対し「元素」は成分を表す抽象的な概念である。

ジョン・ドルトン
(1766 ~ 1844)
イギリスの化学者、物理学者、気象学者です。
原子論追跡委員会の者ですが
原子のお話をうかがいたくて…
おー原子ね
ま おはいんなさい
ナナちゃん追跡装置の玉は持ってこなかったの？
あれねまた赤くなったりしたらやだから
私が原子の考えを進めたのは気体の混合とか気体が液体に溶け込む現象がきっかけです

一八〇一年一〇月、混合気体の構成に関する論文を口頭発表。その中に「混合気体の全圧は成分気体の分圧の和に等しい」という、現在「ドルトンの分圧の法則」と呼ばれる内容が含まれている。

気体の混合では一八〇一年に発表した「ドルトンの法則」と私の名前で呼ばれる法則がありますがそれは横の注で
ところでなぜ気体は混合するんでしょう
は？
混合しちゃおかしいですか？
大気の酸素と窒素の比率はどこで測っても同じです
平地でも山の上でも
おかしくないですか
おかしい？
わからん
むしろこの人がおかしい
酸素はね窒素より重いんです
そしたら酸素は下の方にたまるはずでしょう？
あ
そういうことか
どーゆーこと？
あんたがおかしい

私はいろんな高度で空気を採取してどの高度でもその組成が同じことを確認した上で
このような公開実験をやってみました
さてお立ち会い
ここに取りいだしましたるはこういうものです
いやすわってるか・・・・
ここで二つのコックを開けたらどうなるでしょう
A
大気空気
水素
B
C
水素
大気空気
D
コック
水素は軽いからBからAへ上がるだろう
Cの方の水素はそのままだろうなあ
参加者のおおかたはそんな意見でしたが
どう思います？
まあそうでしょうかねえ？

ではお立ち会い
コックを開けてしばらくたった後にそれぞれ分離します
空気がはいらないように
水の中で
さてこれなるロウソクにて
A
ポン
B
ポン
C
ポン
D
ポン
なんと!
すべてのビンに水素が…
軽い水素が上から下へ移動して混合しているんです
なぜか?
そこで私は原子のレベルでこう考えました
軽
軽
軽
軽
軽

水素の原子を◎で表すと
こんなふうになっているのではないか
なんですかこのトゲトゲは
？
熱です
これによって同種の原子は反発するのです
つまりその力で拡散する
そうやって気体は混合するのです
同種の原子だけ？
やっぱ　この人おかしい
横の注を見てください。このころはまだ原子の熱運動は知られていませんでした。
おかしいんじゃなくて時代のせいね
おっと　ドルトンさんは見ちゃだめ
？

ドルトンは力を加えない限り原子は動かないと考えてこのような反発力を導入したが、実際は絶対温度が零度でなければ原子は熱運動をしており、その運動によって拡散、混合が生じる。

次は
液体に溶け込む気体のこと
あの熱のトゲトゲによる反発力
つまり
各気体の分圧ですね
同じ圧力なら気体の種類に関係なく同じ量だけ溶けると思ったんですが
これがちがう
どうもね重い気体ほどたくさん溶けるようなんですよ
ふうん
それで原子の重さについて調べたんですが
多くの科学者が原子の存在を認めているのにこれまでだれもそんな研究してないんですねえ
一から考えなきゃならない
お　原子論追跡委員会らしくなってきた

それで
私はこう考えました
まず原子一個を取り出して重さを量るなんてことはできないから
原子
一番軽い水素原子を一として各原子の相対的質量を出そうと
つまり
ある原子が水素原子の何倍の重さであるかを考えたのです
そうかあれだ原子量だ(注)
…
勉強してないね
自習をしましょう。
計算の前提として
二つの元素から成る化合物が一種類しか知られていない場合
その化合物は各元素一個ずつの原子の結合だと仮定します
たとえば水ならばこう
酸素原子
水素原子
水

現在の原子量は水素でなく、炭素（^{12}C）を基準としていて、それを一二として各原子の相対的質量を出している。

水はH_2Oだよねえ
そうだけど
ん？なんですか
たとえば水が酸素原子一個と水素原子二個でできているとすれば？
そうとわかっていればそれで計算するけど
今はわからないから
そうかー
わからないからって何もしなければ何も進まないものねえ
パイオニアはつらいわね
だからそういう仮定のもとにとにかく話を進めて
あとで組成がわかれば正しく値を出し直せばいいわけで
そこで今のところわかっているのは水についてはラヴォアジエの出した水素一五対酸素八五という重量比です
あ
ラヴォアジエさん…
泣かないの

すると水素に対する酸素の相対的質量は八五÷一五で五・六六になる
そのようなことをここマンチェスターの学会で発表しました
この報告(注)の発表が、1803年のことでドルトンの「原子説提唱」の年とされています。

その後一八〇八年に『化学の新体系』という本を出しまして
そこには新しいデータによる原子の相対的質量をのせてます
これですが

番号	元素		相対的質量	番号	元素		相対的質量	番号	元素		相対的質量
1	酸素	○	7	13	ニッケル	Ⓝ	25? 50?	25	セリウム	(Ce)	45?
2	水素	⊙	1	14	錫	Ⓣ	50	26	ポタッシュ	⦶	42
3	窒素	⦶	5	15	鉛	Ⓛ	95	27	ソーダ	⦶	28
4	炭素	●	5.4	16	亜鉛	Ⓩ	56	28	石灰	◎	24
5	硫黄	⊕	13	17	ビスマス	Ⓑ	68?	29	マグネシア	⊛	17
6	リン	☮	9	18	アンチモン	(An)	40	30	バライタ	❂	68
7	金	Ⓖ	140?	19	ヒ素	(Ar)	42?	31	ストロンタイト	✪	46
8	白金	Ⓟ	100?	20	コバルト	(Cob)	55?	32	アルミナ	⊙	15
9	銀	Ⓢ	100	21	マンガン	(Ma)	40?	33	シリカ	⊖	45
10	水銀	✹	167	22	ウラン	Ⓤ	60?	34	イットリア	⊕	53
11	銅	Ⓒ	56	23	タングステン	(Tu)	56?	35	グルシン	⊗	30
12	鉄	Ⓘ	50	24	チタン	(Ti)	40?	36	ジルコン	⊘	45

(注)「水およびその他の液体による気体の吸収について」という報告で、発表したのは「マンチェスター文学哲学協会」という民間団体。当時大学のなかったマンチェスターでは科学の研究はこの協会を中心にして行われていた。

ドルトンの元素記号（一八〇八年発表）はその後ほとんど使われず、現在国際的に使用されている元素記号（アルファベットでの表記）はスウェーデンの化学者ベルセリウス（一七七九〜一八四八）が一八一四年に考案したもの。

見てる分にゃまあいいけど書くとなると…
ぞ～
ミョウバンを書けなんてテストに出たら…
ちょっと複雑すぎませんか
あ～
あなたがたこの美しさがわかりませんか
まあいいです美しさはわからなくてもこうして個々の原子で考えることではっきりすることがあります
逆に言えば原子説の正しさを支持することであるわけですが
原子論追跡委員のみなさんならわかるでしょ
お
そう来たか
重ね重ねすみませんそっちの方もわからないんですが
まあ
そうだろうとは…

ある化合物の成分元素の質量比は製法や産地にかかわらず一定であるという化学の基本法則の一つ。一七九九年フランスのプルーストにより主張された。

一つは
化学の反応というものは原子同士の結合や分離であって
原子自体は消えもしないし無から生じることもない
だから全体として質量の保存則が成り立つわけです
原子
次に
いくつかの原子が結合してできた複合原子では
同じ物質なら各原子の数や結合のしかたは同じだから
これを分解すれば定比例の法則(注)が成り立ちます
そして倍数比例の法則
これはね一八〇四年に私が証明したものです
二つの元素から複数の化合物ができる場合の話で
たとえば?
え?
だから二つの元素から複数の化合物のできる例
はて…
突然言われても…
あ
一酸化炭素と二酸化炭素!

はい
それは炭素と酸素の化合物ですね
その場合同じ炭素の重量に対してそれぞれ結合している酸素の重量の比率は一対二です
うん
「一」酸化と「二」酸化だものね
そのように二つの元素で複数の化合物がある場合
一方の元素の同じ重量に対してもう一方の元素が結合する重量は必ず整数の比になっている
というのが倍数比例の法則です
私はこれをメタンとエチレンで確かめました
メタン：CH_4
エチレン：C_2H_4
これね
原子説から見れば当然のことですよね
そうですね
原子は必ず整数で結合するわけで
分割できないから原子の一部分が反応するなんてことないし

こうして原子説で化学反応のいろんなことが説明つくんですが…
ここで重要な問題があるんですよ
ほう
ジョゼフ・ルイ・ゲイ=リュサック(1778～1850)はフランスの科学者です。
それは気体同士の反応で
ゲイ=リュサックが一八〇八年に発表した「気体反応の法則」(注)というのがあるのです
たとえば水素と酸素で水（水蒸気=気体）ができる場合実験結果は二対一対二という体積比になると発表されています
水素
酸素
水(水蒸気)
2 : 1 : 2
仮にですよ
仮に同じ体積ならどの気体も同じ数の粒子があるとすれば
気体の体積と粒子数は比例するわけで
さっき（163ページ）の仮定では

気体同士の化学反応では、同温・同圧のもとでは反応前後の各気体の体積は簡単な整数比になる、というのが「気体反応の法則」。

水素と酸素の原子各一個ずつで水の複合原子が一個できるから
体積比は一対一対一となって実験結果と合いません
1 : 1 : 1
あなたが言ったようにもし水素が二原子だとしたら
つまり水は○○という形だとしたなら体積比は二対一対一となって
やっぱり実験とちがいます
2 : 1 : 1
二対一対二の体積比に合わせようとするなら
こんなふうに
2 : 1 : 2
水は水素原子二分の一個と酸素原子二分の一個でできてるとしなきゃならない
二分の一個の原子なぞ言い出したら原子説はパーです(注)
さあどうします？
ひっ

(注) 原子説がパーになってしまうため、ドルトンは同体積ならどの気体も同数の粒子を含むという考えも、気体反応の法則も否定していた。

どうしますって言われてもなあ…
ドルトンさんがいろいろ考えてわからないのにわたしらにわかるわけないでしょ
原子説はパーじゃないから何か解決策があるはずよ
そうです。解決策があるのです。
また出た…
その解決策は1811年にイタリアで考え出されました。
なんと!!
委員諸君飛べっ!
了解!!
だからお前も行くんだよっ
あ
あーアヴォガドロだっ!!
?

たしかに私はアヴォガドロですが
あなたがたは？
アメデオ・アヴォガドロ(1776～1856) イタリアの科学者です。
原子論追跡委…
あなた日本の高校生には大人気ですよ
大人気っつても
おおかたこの容貌《ようぼう》のことでしょ？
そうその…
原子論を追跡していまして
ドルトンさんで一応まとまったのですが
気体の反応でつまずいて
はいはい
水とかね
それについて一八一一年に発表した論文がこれです
ここで言ってるのは…

まず同温同圧ならすべての気体は同じ体積に同じ数だけの気体粒子を含むと仮定するのです(注)
それだとまずかったんです
あれでしょ？水素二体積と酸素一体積から水が二体積できるとすると酸素原子が半分に分かれちゃうってことでしょ？
ええそれじゃ原子説はパーだと…
ぱー
それね前提がちがうんです
物質の単体は一原子からなると考えているから
原子の半分なんてなるんで
半分にしたら一個の原子になると考えればいいんです
半分にしたら一個？
そうつまり最初は？
二個!!
そうです！そうです！

「同温同圧のもとではすべての気体は同体積中に同数の『分子』を含む」という一八一一年発表の説を「アヴォガドロの仮説」という。現在ではこれは正しいと認められていて、「アヴォガドロの法則」といわれる。

酸素ガスの一粒子は酸素原子一個でなく二個でひとまとめと考えればなんでもないんです
水素ガスも水素原子二個でひとまとまり
そういうまとまりを「分子」と名付けました
そうすりゃほら ちゃんと水素と酸素と水との体積比は二対一対二になります
2 : 1 : 2
そうだよ ドルトンさんの話にひきずられて忘れてたけど
水素ガスや酸素ガスはH_2やO_2だった
そーだよねー…
あんたおぼえてないでしょ
これにて一件落着
ちゃんちゃん!!
と言いたいところですがねえ…
あれも解説役かねえ
さあねえ

何か問題でも？
いえね この分子説全然反響がないんですよ
この「アヴォガドロの仮説」は彼の死後(注)やっと認められます。
そーなの
そーなのかー
もっと早く認めてくれ～
では、朝ですので学校へ行ってください。
なにこのトートツさは…
ナナちゃんおはよー
いつまでそれ持ってるの？
あ…
結局名前直すヒマなかった…

アヴォガドロの仮説は、イタリアのカニッツァーロが一八五八年（アヴォガドロの死の二年後）の論文、および一八六〇年のカールスルーエ国際化学者会議での発表で熱烈に支持し、その後その正しさが認められていった。

第 3 章

元素の発見史

—周期表の完成—

メンデレーエフの書斎にて

だんな様馬ぞりが…
もう少し待たせておけ
1869年2月17日の朝です。所はロシアのサンクトペテルブルク。
細かいわね
であんたは何やってんのよ？
いや
どうもこの家の召使いの役らしいね
この家って…？
メンデレーエフさんの家
ドミトリ・イヴァノヴィッチ・メンデレーエフ(1834～1907)ロシアの化学者です。

メンデレーエフの書斎にて

元素間の性質には何らかの規則性があるはずだ
我々はすでに六〇種類以上の元素を発見してきた
特に今世紀（一九世紀）にはいって新しい分析法が見出されて大量にふえた
それらが無秩序に存在するはずはない
それらを包み込む大きな法則…
それにしてもこれらの元素
一つ一つの発見にそれぞれ物語があったんだろうなぁ
その物語を追跡するわけです。
ははあなるほど
だ…だれだ君は？

じゃね
ここを委員会室にしましょ
じゃね…って…
「概念」を消せばちょうどいいし…
おーいヨシノリ
これでよし…と
だれだこの人は？
えーと
元素追跡委員です
ん？
かく言う私も実は委員の一人でして
何を言っとるんだ…
ナナちゃん販促さんがこれある方が便利だって
な…な…

メンデレーエフの書斎にて

では委員長これお願いします
委員長？なんのことだ？
このメンバーで委員長ならメンデレーエフさんでしょ
いや…しかし…何をするんだ？
ですから元素発見の物語を追跡するんです
なんか新しい分析法とかおっしゃって…
ふむ一八世紀中にふつうの化学分析で分離できる元素は出そろったが…
一九世紀になってまず電気分解が実用化されてどっと新発見の元素が出た
じゃあそのへんからでしょう
ほら何か出てませんか
ん？
ピピッ

第9話
カエルの脚と電池
―電気分解による新元素の発見―

ふむ…
何か見えるな…
一七五〇年…ドイツ…
行きますっ
行きますって…
だから何のことだ…?
一七五〇年ってだいぶ前だねえ
シュタールさんの幽霊と会ったころだよ
だれかいるぞ
ヨハン・ゲオルク・ズルツァー(1720 ~ 1779)ドイツの数学者、美学者です。
うえっ

えと なにやって …?
は?
ああ
ちょうどいい ちょっとこれ をなめてみて ください
やですよ 今あなたが なめてたん でしょ
あ
失礼
きれい なのを
こう こっち側を 押さえて
こっちで 舌を はさみます
こう?
そう
うえっ
なにこの ピリピリした へんな味
でしょ ?
それ 銀と亜鉛 ですが
両方の金属の端を つけなかったり 同じ金属同士にしたら そんな味出ません

これなんでしょうね？
知らんわ
という話なんですがこれなんですか？
知らんわ
いや待て
二つの金属を接触させて間にぬれた舌…
そりゃ電流が流れたんじゃないか？
電流…
おっとまた…
今度は…
一七八〇年…イタリア
行きますっ
あ…まあ行ってらっしゃい…

ルイージ・ガルヴァーニ(1737 ～ 1798)イタリアの生理学者、解剖学者です。
なんですかそれ？
うえ…
カエルの脚ですよ
皮をはいであります
う…動いたっ！
ええ
ピクッ
こういう雷の日にはこんなふうに動くんですよ
そのへんを調べようと…
晴れてますね
さんさん
さん

助手くん
まだ起電機は動かしちゃだめだよ
動かしてませんよ
・・・
なんで動くんですかっ
わっ
し…知りませんよっ
空中電気が変化すると脚がピクピクするのはわかってる
けどそんな変化がないのに
今ここに置いたら…
動く…
ピクッ
ピクッ

なぜですか⁉
だからっ
知りませんって
ふむ…
これは
鉄の台だ
そこにこう…
のせただけでは動かない
けど…
ピクッ
かぎ針が鉄の台にふれたら動く
かぎ針は真鍮《しんちゅう》製だが…
鉄にふれると
電流が流れるわけか…

ガルヴァーニさんがそんなことやってまして
それは知っとる
彼は一七九一年に論文を出してカエルから「動物電気」が発生しているとした
ところがヴォルタがそれに反論を…
あ
ん?
ピピッ
なになに…
「そのヴォルタのことで」とあるが…
さすがメンデレーエフさん
販促さんの追跡装置の先を行ってる
で?
うむ
一八〇〇年イタリア…

行きますっ
ああ
行っといで
えーとヴォルタさん…
アレッサンドロ・ヴォルタ（1745～1827）イタリアの物理学者です。
ですね？
は？
今年（一八〇〇年）電気のことで何かなさったとか…
ええ
イギリスの王立協会の「哲学会報」に私の電池の論文がのって大反響でね
東洋でも評判ですか？
あ ええまあ…
ガルヴァーニさんの動物電気に反論なさって…
そうです
ガルヴァーニさんの動物電気の論文が出た時は科学者の間では当時進行中だったフランス革命くらいの大事件になりました

私を含め多くの学者がカエルの脚に二種類の金属を…
うほほー動いた
お出た
ミニヴォルタ
ピクッ
けど…なんで二種類の金属なんだ?
「動物電気」を通すだけなら一種類でいいはずだが
二種類の金属…
あたしか昔にしょーもない論文が…
あったズルツァーの「快・不快の味覚説」
あらズルツァーさん論文書いてたの?
ええ
ほとんど見向きもされませんでしたが
不快な味か…電流が流れたんだ
しかし…舌とかカエルの脚とかは単に検知器の働きで二種類の金属というのが重要なのでは…

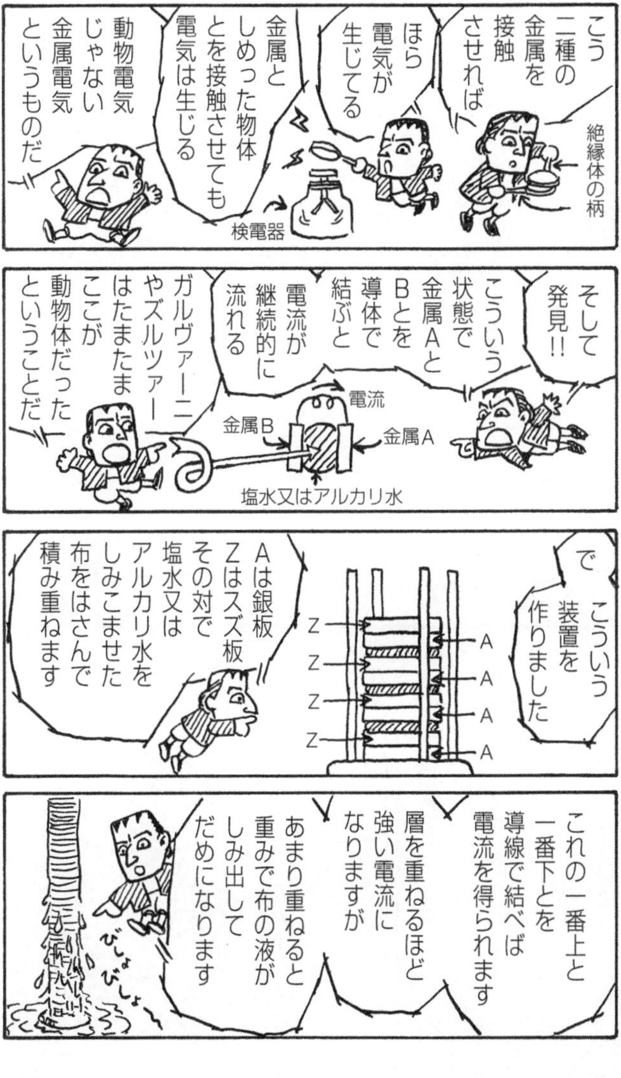
こう二種の金属を接触させれば
絶縁体の柄
ほら電気が生じてる
金属としめった物体とを接触させても電気は生じる
検電器
動物電気じゃない金属電気というものだ
そして発見!!
こういう状態で金属AとBとを導体で結ぶと
電流が継続的に流れる
電流
金属A
金属B
塩水又はアルカリ水
ガルヴァーニやズルツァーはたまたまここが動物体だったということだ
で
こういう装置を作りました
A
A
A
A
Z
Z
Z
Z
Aは銀板
Zはスズ板
その対で塩水又はアルカリ水をしみこませた布をはさんで積み重ねます
これの一番上と一番下とを導線で結べば電流を得られます
層を重ねるほど強い電流になりますが
あまり重ねると重みで布の液がしみ出してだめになります
びしょびしょ〜

代わりにこういう連結をたくさん並べれば
その両端の間で大きな電流が得られます
スズ又は亜鉛
銅
塩水又はアルカリ水
非金属の鉢
というのが私の一八〇〇年の報告です
これまでは静電気か
それを集めて一瞬で放電させるかくらいでしたが
パチッ
これで定常的な電流を取り出すことができるようになったのです
これはすごいことなのです
ほー
そうだよ
それからもう世界中で電池が作られて
電気の研究が急速に進んだ
ヴォルタは当時ヨーロッパを支配していたナポレオンに気に入られて

一八〇一年にはナポレオンにパリに招かれてフランス学士院の大集会で電気の実験をしている
ヴォルタ
ナポレオン
わあ
ナポレオンもミニ
一八一〇年にはナポレオンから伯爵に叙された
あ
また光ってる
同じ一八〇〇年四月
イギリス…
ん？
行きなさい！
はいっ

「行きなさい！」だって
メンデレーエフさんも慣れてきたね
なんだろあれ…
なんだろこれ…
アンソニー・カーライル（1768〜1840）イギリスの解剖学者です。
どうしました？
いえね
ヴォルタの論文見てさっそく電池を組み立てたんですが…
上端につなぐ針金の接触を良くしようと…
水でしめらせたら
ほら
小さいアワが出てくるんです
気泡
それは？
なんでしょ？
そこで、カーライルは友人のニコルソンと5月に…

ウィリアム・ニコルソン
(1753 ～ 1815)
イギリスの科学者、
ジャーナリストです。
これでいいだろう
導線つなぐぞ
亜鉛
銀
吸い取り紙
コルクの栓
真鍮の針金
川の水
亜鉛
銀
ガラス管
出た！アワだ！
銀板につなげた方だ
アワは水素だ
ポン
すると水が分解したのでは？
だとしたら酸素は？
亜鉛側の針金は何の変化も…
いや待て
見ろ
針金がくもっている
くもりっ！

針金が酸化したんだ
じゃあ酸化しにくい針金を使えば…
では白金の針金を使って
こうすれば…
やったっ!!
亜鉛側の電極にも気泡が出てる！
亜鉛
銀
そう
そして亜鉛側の気泡が酸素だと確認された
水が電気によって分解されることが初めて確かめられたのだ
ならばほかのものも電気分解できるのじゃないかと
みなが実験を始めた
そして大成功したのがデーヴィだ

デーヴィの成功のもとは強力な電池で……
ちょっと待ってください
そのへんは私たちが追跡することになってるはずで
ほら
あ？
ピピッ
ふむ一八〇七年一一月イギリス……
行きますっ
メンデレーエフさん
博識なのはいいけどほっとくと全部一人でしゃべっちゃう
あたしたちの出番なくなるね
おおっ
これなんですか？
デーヴィさんの講演ですよ
今回はすごい!!

王立研究所は一七九九年、実用的な科学知識を普及させ、貧者と労働者の生活を改善するための科学施設として設立された。一〇〇〇人収容の講堂では数々の歴史に残る講演が行われている。

新元素ですよ！
新元素！
見たこともない新金属!!
するとあそこにいるのがデーヴィさん？
そう
え？
あんた知らないの？
でここはどこですか？
どこって王立研究所…(注)
あんたなんでそんなこと…
ああっ
さてはあんたナポレオンのスパイだな!!
なんだって？
スパイだ
どこ行った？
いけねにげろ
あっちだ！
そっちだ！
飛びます。
わ…わ…
あ販促さん…

どた
どた
なんですかあなたがたは？
ハンフリー・デーヴィ(1778～1829)イギリスの化学者です。
あデーヴィさん！
どいてどいて
あんたねえ
なんで初めからここに来ないのよ！
いや、ま、王立研究所の紹介もあって。
スパイさわぎはよけいでしょ！
いや、ま、時代背景として、ナポレオン戦争を…それに動きがあった方が…
まったく！
ははあさっき騒いでたスパイってあなたがた？
とんでもない！私たちは元素追跡委員会の…
ああ元素追跡委員会ね

ご存知？
初耳です
ムダなしゃべりはやめましょう
きょうの講演で新発見の元素を…
はいカリウムとナトリウムですね
これらを単離したのは先月（一八〇七年一〇月）のことなんです
水の電気分解以来私もいろいろ電気分解をやってみました
ラヴォアジエの「単体表」から除かれたポタッシュとソーダ…（注）
148ページを見よう
漫画家
彼はこれらを明らかに化合物だと言っています
ん？
どうしました？
いえこれは条件反射で…
ほら泣かない
まずポタッシュ（水酸化カリウム）ですが

（注）ラヴォアジエは『化学命名法』（一七八七年）の中でこれらアルカリ物質を単体として挙げたが、二年後の『化学要論』の単体表（本書148ページの表）からは除いている。

ポタッシュの飽和溶液を電気分解したら
こっちは酸素
こっちは水素
あ
やっぱりミニが解説役だ
ナミダふいて
酸素水素酸素水素…
わーー
水しか分解されない!!
水のない形でないと…
しかし水がないと電気が流れない
とにかくまず加熱して水分をとばす
この状態では電気は流れないが…
しばらく置いておくと
流れた!
空気中の水分を吸収したんだ
白金の円盤にこのちょっとしめったポタッシュを置いて…
二五〇個の金属板の対でできた強力電池の陰極につないで…
陽極の白金線をポタッシュにつなぐと…
+
たくさん
−

熱で融けてきた
陽極側に気体が…
沸騰してきたが…
陰極側はなんにも…
ん？
あれ？
なんだ？銀色の…
水銀のつぶ？
いや水銀なんかあるはずが…
わっ
なんだかわからないものができた
新発見だ！
新物質だ!!
実際部屋の中をおどり回りましたよ
それがカリウムだったのです
へえ～

数日後
同じやり方で
ソーダ（水酸化
ナトリウム）から
ナトリウムを
単離しました
ナトリウムも
カリウムも
水に浮く
軽い金属で
水にふれると
爆発的に
炎を上げて
燃えます
黄色の炎
藤色の炎
カリウム
水
ナトリウム
一八〇八年
には…
え
翌年の
ことも
言えちゃうん
ですか
翌年？
今何年
でしたっけ
？
ちょっと時間を
動かしています。
ご都合主義
だよね
ま
いいや
一八〇八年
にはこーんな
に電気分解で
元素を単離
しています
石灰
（酸化カルシウム）
カルシウム
マグネシア
（酸化マグネシウム）
マグネシウム
バライタ
（酸化バリウム）
バリウム
酸化ストロンチウム
ストロンチウム

その後王立研究所に要請して
地下に巨大な電池を作ってもらいました
こちらへ
お〜
でかっ
金属板二〇〇〇対の電池です
実験室へはあの電線でつながっています
化学の実験もこうなると巨大プロジェクトですよね
これからは個人の努力だけじゃ研究も進められなくなるでしょう
まあそうだろうね
今の私の研究は紙にメモするだけですんでるけどね
お気楽なもんですね
君ねそう言っちゃミもフタもない…

第10話
光に残された元素の指紋
—分光分析による新元素の発見—

お
一八〇二年…
少しもどったな…
ということは
電気分解とはちがう話かな？
そうですよ
そこに分光分析と出ています
どこに？
とにかくまたイギリスだ
諸君！行けっ！
了解

なんか のぞいてる ね
なんだろ ね
なんだろ ね？
は？
ウィリアム・ハイド・ウォラストン (1766～1828) イギリスの化学者、物理学者、天文学者です。
これ 太陽光の(注) スペクトルだけども
黒い線が見えるでしょ
ん～
あ、見える
見せて見せて
にじいろっ！
赤 黄 緑 青 紫
おー にじ色
いや黒いのを…
なんでしょうね
なぜ色の境目が黒くなるんですかね
うん ウォラストンは深くは考えなかったけど それが太陽スペクトルの黒線の最初の発見だな

光がプリズムのような分光器を通って分解され、波長の順に並んだ色帯。ニュートンが一六六六年に初めて太陽光をプリズムで分解し、赤橙黄緑青藍紫の色帯を観測した。

その後ドイツのフラウンホーファーがよりくわしく観察して…
お？
ピピッ
「そのことは一八一四年のドイツで」と…
だからーメンデレーエフさん一人で先走っちゃだめですよ
あの人がフラウンホーファーさんらしい
む～
ヨゼフ・フォン・フラウンホーファー
(1787～1826)
ドイツの光学機器製作者、物理学者です。
何かお悩みで？
え？
ああそうなんですよ
私は光学機器を作っている者ですが
ガラスの種類によって光の屈折や色の分散が変わってくるんで

このことは月や惑星は太陽の光を反射して光っていることの証明にもなった。フラウンホーファーは最終的に太陽スペクトル中の暗線を七〇〇本正確に図示した（現在では二万本以上認められている）。

それらを個々のガラスできちんと測定しておかないといけません
ところで石油ランプの炎のスペクトルでは黄色のところに明るい線が出ます
お
ミニになった
その輝線をガラスの測定用に利用していましたが
それが太陽光にもないかと見てみたらなんと明るい線のほかに黒い線がたくさんあるじゃないですか
なんじゃこりゃ〜
数百本！
中でよりはっきりしている太い黒線に赤い方から順にA、B、Cと記号をつけましたが
そのD線が石油ランプの輝線と同じ位置にあったのです
赤
紫
ABC D E F G H I
これらの黒線の位置は月や惑星の光では太陽と同じでした(注)
一方恒星ではそれぞれ別個のパターンになります
つまりこの黒線はガラスのキズとかでなく光そのものに含まれているものです

その後…
その後？
あ
また時間動かした
アルコールランプに食塩をふりかけて
そのスペクトルを見ると黄色のところに一本輝線が出るのです
その線は石油ランプの輝線の位置
また太陽光のスペクトルの黒線…
おこがましくもフラウンホーファー線と呼ばれますがそのD線の位置と同じところです
そこにどんな意味があるのか？
何人かの学者に聞きましたが…
わけわかりません
見まちがいだろうなんて言われて…
そして、わけのわからないまま約30年後フランスで…
あら
今回はこのまま移動？

ジャン・ベルナール・レオン・フーコー (1819～1868) フランスの物理学者です。
あ フーコーさん?
はい
フラウンホーファー線のことで何かなさって…
ええ ええ
フラウンホーファーが食塩をランプにふりかけて得た黄色の輝線
つまりナトリウムのスペクトルですよね
そーか デーヴィさんが黄色い炎って言ってたよね
…
自習を!!
ふむ 確かに黄色の輝線
輝線
ナトリウム
赤
紫
D
それは
D線と同じところだ

ナトリウムの黄色の輝線が太陽のスペクトルでは黒くなるということは
太陽にはナトリウムがないということだろう
すると太陽の光にナトリウムの黄色の光を重ねればD線はなくなるんじゃないか？
こう太陽光の通路にナトリウムの炎を置けば…
なんじゃこりゃ～
なんともとのD線よりもっと暗くなっている!?
D
それでわけのわからないままなんですが…
どうしてそうなるんでしょうね
なんだかずっとわけがわからないままなんですが…
うん
そのわけがわかったのは
ブンゼンとキルヒホッフによるのだが…
それが出ると思うよ

ほら出た
一八五九年ドイツ
行きますっ！
グスタフ・ローベルト・キルヒホッフ(1824～1887)ドイツの物理学者ですが…
？が…
わ
後年のヒゲの肖像が知られているのでヒゲをはやしておきます。
どうなってんだろね…
ちょっと勝手に実験室にはいらないでください
やだな私ですよキルヒホッフ
え？
ローベルト・ヴィルヘルム・ブンゼン(1811～1899)ドイツの化学者です。
さっき出て行った時にはそんなヒゲは…
ああつけヒゲか…
いててて…

このころ二人はハイデルベルク大学の教授で、共同で研究をしていました。
おー
いた…
で あなたがたは?
あ 元素追跡委員会の…
ああ 元素追跡委員会ね
ご存知?
初耳です
アホなことを何度もやらないよーに
フラウンホーファー線のD線について…
その前にこれを見てください
ブンゼンさんが改良したガスバーナーで
これがすぐれものでしてね
ブンゼンバーナーと呼ばれています
これは二〇〇〇℃以上の高温が得られ
しかも炎は無色なのです
ゴォー

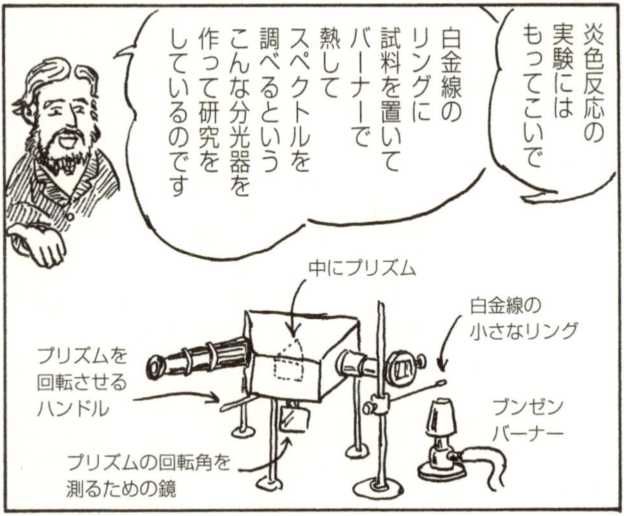
炎色反応の実験にはもってこいで
白金線のリングに試料を置いてバーナーで熱してスペクトルを調べるというこんな分光器を作って研究をしているのです
中にプリズム
白金線の小さなリング
プリズムを回転させるハンドル
ブンゼンバーナー
プリズムの回転角を測るための鏡

これまでに金属元素の炎色反応でわかったことは
それぞれの元素に固有の線スペクトルのパターンがあるということです

そのパターンはその元素が単体でも何かとの化合物でもまたどんな不純物があっても全く同じです
ということは
構成元素がわからない化合物もスペクトルを見ればどんな元素を含むか一発でわかるのです

逆に どの元素の スペクトル にもない 線があれば それは 新元素の存在を 意味するのです
新元素
さて おたずねの D線のこと ですが
そちらで 追跡してた 内容は私たちも 確認しました
おや 委員会を ご存…
やめ!
むー
問題は 太陽光に ナトリウムの 炎を重ねると なぜD線が より暗く なるか
そして そもそも フラウン ホーファー線とは 何なのか ということで
黒くなる というのは その部分の光が 吸収されるから じゃないですか
お前 ヒゲない な
だから あのヒゲは 読者用に突然 はえたんで
もし そうなら 黒線のない 連続スペクトル の前に ナトリウムの 炎を置いて やれば
黒線が現れる

ナトリウムがD線の部分の光を吸収するといっても、ナトリウムの炎自体がD線に相当する輝線を発しているので、差し引きゼロで黒線は現れないと思われるかもしれない。これは背景光線（白色光）の光源温度に対して、手前に（次頁へ）

ナトリウム
黒線のない連続スペクトル（白色光）
出てる出てる
D線だ
見せて見せて
ナトリウムが白色光にD線の黒線を出す(注)ということは太陽の表面にナトリウムがあってD線の光を吸収したんだ
同様に太陽スペクトルの他の黒線もそれに対応する線スペクトルを出す元素が吸収したわけですね
つまり…
フラウンホーファー線を調べれば太陽にどんな元素があるか地球にいながらわかるわけだ
他の恒星でもスペクトルの黒線からその星にある物質がわかる
すごいすごい
その後太陽では三〇種以上の元素の存在が確認されました
さて、一方分光分析による新元素発見は1860年に…
ああ元素追跡委員会としてはこっちが本命ね
これはデュルクハイムの鉱泉水です

蒸発濃縮処理と余分な物質の沈澱除去処理をして
できた試料を一滴白金リングにつけて
分光器にかけます
これはナトリウム これはカリウム…
この二本の青い線
どの元素にも相当しませんよ!!
うん見たことない
新元素だっ!!
やった!!
パンパカパーン!!
これをラテン語のセシウス（青）にちなんで「セシウム」と名付ける!!
また、1861年にはリシア雲母という鉱物から…
この深赤色の線…
これも見たことない
パンパカパーン!!
これをラテン語のルビドゥス（赤）にちなんで「ルビジウム」と名付ける!!

（前頁から）あるガス（ナトリウムの気体）の温度が低い場合は吸収線（黒線）、高い場合は輝線になるという「キルヒホッフの法則」による。

そう
分光分析はごく微量の試料でも結果が出るから非常に強力な分析法だ
分光分析によって
一八六一年にはイギリスのクルックスがタリウムを一八六三年にはドイツのライヒとリヒターがインジウムを発見している
一九世紀に多くの元素が発見されたが
一八五〇年代だけは新発見がなかった
それまでの化学の手法で分離確認できる元素はすべて発見されてしまったからだ
ブンゼンとキルヒホッフによる分光分析の手法は
その行きづまり状態を打ち破る画期的なものだったんだねえ

第11話
精密測定の勝利
—希ガスの発見—

プラウトの仮説：イギリスのウィリアム・プラウト（一七八五〜一八五〇）が一八一五年に唱えた「各元素の原子の重さは水素原子の重さの整数倍であり、各元素は水素原子の重合体だ」という説。たとえば塩素（原子量三五・五）（次頁へ）

一八九二年イギリス
行くわよ
ひそひそ…
なんだ？
勝手に行っちまった…
あ
だれか悩んでる
うーむ
ジョン・ウィリアム・ストラット（1842〜1919）第三代レイリー男爵で通称レイリー卿。イギリスの物理学者です。
どうしました？
ああ…
実は「プラウトの仮説」を検証しようと…
プラウトの…？
横に注があるよ

（前頁から）などでは成り立たず、一応仮説は誤りとみなされたが、その確認のため多くの学者が原子量の正確な測定を行った。二〇世紀になって化学的性質は同じで原子量が違う「同位体」の発見により改めて見直された。

それには物質の密度をしっかり測定する必要があります
でまず気体から
水素酸素ときて
窒素の密度を測ってるんですが…
窒素ガスを得るには大きく分けて二つの方法があります
大気空気から酸素を取りのぞく（空気窒素）
窒素化合物から化学的方法で作る（化学窒素）
同一の体積約一・八Lのガラス容器に二つの方法で得た窒素を満たすと
空気窒素の方がごくわずか重いのです
どのくらい？
それぞれ約二gですが空気窒素の方が二mg重いのです

二gで
二㎎…
一〇〇〇分の一…
〇・二%…
やーだ
そんなの気にするほどじゃないでしょ
なんですとっ?
だ…
だって
ちょっと目盛り見まちがっても
一%や二%は…
あなたは私の測定技術を愚弄《ぐろう》するのですかっ!!
目盛りの見まちがいなどあろうはずはありませんっ!!
〇・一%でもちがいがあるのならその原因を追究するのが科学する者の態度でしょうが!
ひえ〜
ごめんなさい
ごめんなさい
ちゃんと自習するからゆるしてください
よいこころがけです。
なんですかそりゃ

ま とにかく このちがいの 意味が わからないので
論文にして 科学雑誌に 出して 広く意見を きいたん ですが
納得する 答えが出ない んですよ
よけいなこと 言うからよ
こわかった よ〜
そして 1〜2年 がすぎて…
その間 テッテー的に 窒素の重量を 調べました
空気窒素は 三種類の ちがった 方法で酸素を 除去して 作り
化学窒素も 作り方を 三種類 変えて
回復っ!!
はやっ!!
それらを何度も くり返した 平均がこれです
測定に用いた 約一・八Lの ビンの中の 窒素の重さで 考えうる限りの 補正をした 結果です
空気窒素	化学窒素
① 2.31003	① 2.30008
② 2.31020	② 2.29904
③ 2.31026	③ 2.29869
（単位：g）

作り方を変えても空気窒素は二・三一〇g化学窒素は二・二九九gとほぼ一定してます
その差は一一mg全体の約〇・五%です
気にするほどじゃないですか?
とととんでもないヒジョーに気になります
それに今度は〇・五%だし…
ほうすると前のはやはり目盛りの見まちがいと…
ととんでもない!!
やはりどう考えても原因がわからず…
今度は放置ですか…
まあまあ
改めて雑誌に論文を出し一八九四年四月に学会で発表をしました

その発表を聞いてラムゼーさんは…
どもラムゼーです
話を聞いておもしろいと思って共同研究をお願いしました
ウィリアム・ラムゼー(1852～1916)イギリスの化学者です。
回復っ！
私はね化学窒素の方に軽い気体が混じってると思うのだ
大気の方については一〇〇年以上も組成が研究されていて今さら…
ちゃいますちゃいます
その一〇〇年以上も前のことですがこういう記録があるのです
キャヴェンディッシュがね一七八五年にフロギストン化空気つまり窒素の研究をしていた時…
やあキャヴェンディッシュさん
あなたまでミニにならなくても…

大気から酸素を除いた窒素ガス中にどうやっても反応せずに残る気体があるというのですよ
もとの窒素の一二〇分の一の量です
しかしそれがこの一〇〇年どこにもひっかからなかったのはどういうわけだ？
おそらく化学的に不活性つまり反応しにくいのでしょう
だからふつうの化学分析にかからない
そうかすると…
それを取り出せば未発見の…
新元素ですよ！
じゃその方向で空気窒素から窒素を取り去ることにしよう
高温の金属マグネシウムと窒素とは化合物を作ります
私はこれで窒素の除去を行います
私の方も別の方法で窒素の除去をやる
がんばりましょう
何をどうすりゃいいかがわかれば
あとはただやりさえすればいい

そーら できた!!
こっちも できた ぞ!!
重さは 水素ガスの 一九倍と なっています
いいね いいね 今までに ない気体だね
この気体を 微量入れた 真空放電管の スペクトルを 見ると…
ほら 少し窒素の スペクトルが 残ってますが
おー 見たこと ない スペクトル だ!
私たちは この気体を ギリシア語で 「なまけもの」を 意味する アルゴンと 名付けました
そして二人の 連名で 一八九四年八月に 発表したのです
さらに くわしく 調べた結果は 一八九五年一月に 発表しています
それらの 発表への 反応は ……

信じられなーい!!
…というものでした
今さら大気にそんなわけのわからないものがあったなんて
だからそれは
メンデレーエフ?
メンデレーエフの周期表にそんなのはいる所がないじゃないか
どんな物質とも反応しないから分析にかからなかったわけで
当然周期表にも組み入れられていないのです
だからアルゴンが属すべき新たな族が周期表に加えられねばなりません

メンデレーエフさんが机に広げていたのは周期表を作ろうとしていたメモだよ
こんなこと聞かれちゃ混乱するよね
ま　結局大方の人にアルゴンは認められて…
聞いてます？
ないしょにして正解だね
周期表にも新たに族が設けられましてね
不活性ガスとか希ガスと呼ばれるものです
当然希ガスに属するアルゴン以外の元素があるはずなわけで
それをこのラムゼーさんは一八九五年にヘリウム(注)一八九八年にはクリプトン、ネオン、キセノンと次々に発見してね
いやそれぞれ他の学者と共同研究でね
へえ～

ヘリウムは一八六八年、イギリスの天文学者ロッキャー（一八三六～一九二〇）により太陽コロナのスペクトル観測からその存在が指摘された（ギリシア語の太陽＝ヘリオスから命名）。ラムゼーはその現物を地球の鉱物から抽出したわけである。

これら希ガスの新元素の特定には
アルゴンの時に使った真空放電管の発光スペクトルが決め手でした
また液体空気製造などの超低温技術が利用されています
そのような新技術によって私たちの発見ができたのです
けどそれはアルゴンの発見があっての上で利用できたわけで
そのもとはレイリーさんの地道で精確な窒素の重量測定
あ私のこと?
そしてそこでのわずかな差の原因をどこまでも追究していったことです
ね気にするほどじゃないと言ってほっぽっちゃいけないのですよ
もうかんべんしてくださいよ〜
とまあそういう研究によって…

パンパカパーン
一九〇四年に
レイリーさんはノーベル物理学賞を
ラムゼーさんはノーベル化学賞をもらったのです
なんだい急に軽くなっちゃったな…
こういう話のシメもなきゃね
しめっぽいよりいいよね
さて…希ガスのことは知らずにメンデレーエフさんは周期表を考えているわけで
…この話は言えないわねえ
ひそひそ
おーいどこ行ってた？
いえね
ちょっと息抜きにお茶を
ロシアンティーっておいしいですね
なんじゃそりゃ…？

第12話
元素間に潜む秩序
—元素の周期表—

だんな様 馬ぞりが……
もう少し待たせておけ
え?
ちょっと……ヨシノリ
今 元素追跡委員会の人たちが来てなかったか?
けさはどなたもおみえになってはいませんが
……夢でも見たかな……
最近よくいねむりなさって

まあ ここ三日三晩寝てないからなあ
しかし……あの水晶玉があるというのは……
わっ
ナナのやつ忘れやがって
だんな様 馬ぞりが……
もう少し待たせ……
待て待て
どこから夢でどこから現実かわからなくなった

整理しよう
今日はトベリへ行く予定で…
はい そろそろ出ませんと 午前の列車が…
そこでチーズ製造業の人たちとの会合があって
その詳細が書かれた手紙を持ってきていて…
ああ
裏にメモを書いてたんだ(注)
出かけなきゃいけないのになぜここにいるかというと
私は今化学の教科書を書いていて
その中で元素間の性質について法則性を明らかにしておきたくて こんなメモを書いて考えていたわけだ
で 元素の発見にそれぞれ物語があっただろうと
目をつぶって…

この、トベリの自主経済協同組合の事務長からの手紙は保存されていて、裏にメンデレーエフが書いた原子量順の元素のメモとともに紅茶のマグカップを置いた跡が丸く残っている。

そこで寝ちゃったのか?
はあ
そうでしょうね
寝ちゃったらそり待たせてる意味ないじゃないか
ごん
元素間の法則ももう手が届きそうだというのに
イテ
このそれぞれの元素を書いたカードの並べ方
どこかをちょっと変えさえすれば…
む〜
こっちも整理してみよう
元素の性質について統一的な法則を多くの学者が見つけようとしている
原子価が同じ元素は化学的性質が似ている(注)
その各グループをどうつなげるかだが…
あー
独自世界へ旅立っちゃったよ…
馬ぞりどうすんだろ…

そのような似た元素のグループを「族」と呼ぶ。周期表の縦一列が一つの族になる。現在の周期表では原子の最外殻の電子の配列が同じなら同じ族であり、1族から18族までアラビア数字で族番号が表現されている。

一八六〇年に イタリアの カニッツァーロが 原子量の値の 再評価を 発表した
その原子量を もとにすれば 元素の性質は 原子量に左右されて 何らかの周期性を 示すはずなのだ(注)
Li=7 Be=9.4 B=11 C=12 N=14 O=16 F=19
Na=23 Mg=24 Al=27.4 Si=28 P=31 S=32 Cl=35.5
リチウムからの 七個は それぞれの七個 あとの元素が 同じ族になるが 三順目になると バラバラだ
一方 ハロゲン、酸素、窒素の各族では 四順目まで こう並べて みると
ハロゲン族：F=19 Cl=35.5 Br=80 J=127
酸素族：O=16 S=32 Se=79.4 Te=128
窒素族：N=14 P=31 As=75 Sb=122
※Jは現在のヨウ素(I)
Te(テルル)を除くと 下から順に原子量が 増えている
そのへんの 意味がわかり さえすれば…

メンデレーエフに先立ち、フランスのド・シャンクルトワ、イギリスのニューランズ、ドイツのデーベライナーらは原子量と元素の性質の相関に基づく先駆的な規則を発表した。しかし、メンデレーエフは彼らの論文は読んでいなかった。

そうだ ヨシノリ
あ お帰りなさい
なんだ？
ずっと ここに いたが？
そのへんは ことばのあや というもので …
まあ いい ペーシェンス という カードゲームを 知っているか？
はあ 販促さんの 情報で 一応は
販促 さん？
いや ことばの あやで…
同じマークの札を キングから順に エースまで 並べていく ものですよね
♣ K Q J 10 …
♠ K Q J 10 9 …
♦ K Q …
♥ K Q J 10 9 8 …
そう そう
この感じが 今考えている 元素の並びと 似てるんだ

ケミカルペーシェンスだな…
上がりも間近なはずなんだが…
あの…馬ぞりが…
午後の列車にする昼すぎに来るように言え
うー
いやこうじゃない…
あの…馬ぞりが…
だからっ
午後の列車にするって言っただろ！
その午後の列車がもうすぐ出ちゃいますが…
え？
もうそんな時間なのか？
だめだ！
今やっちまわないと…
旅行は延期だ
ありゃ…

ようおたくのダンナはいるかい？
あイノストランチェフさま
あそうだ今日から旅行か
いえご出立なさいませんでした
ただ旅立っておられますが
なんじゃそりゃ
やあ旅行延期だって？
うーん…
これが
…
いや…
なるほど旅立っているな
…
…
ん？
ああ君か
お帰り
何だ？君まで…

それはあれか?
ここんとこやってる元素間の法則?
ああ
もう少しなんだ
あと一押しなんだ
頭の中では全て形になっているのに
それを表現できないんだ!!
うお~
別のとこへ行っちゃったな…
そのようですねえ…
あ~
なんでこんなおもしろい現場にいられないのよ~
しかたないじゃない
今回のは現在進行形の話だからね
へたにじゃましちゃまずいから
中継画像でがまんしなきゃ

わたしがいるとへたなじゃまになるわけ？
なると思うよ
まったく！
ヨシノリのやつだけ…
あら
メンデレーエフさんまたいねむり…
よっぽど疲れてるのね
化学室
なんだ？ここは？
ガラ
あ
元素追跡委員会の…
なにこの外人？
え？
え？

夢なんか見てちゃいかんのだ
ごんっ
イテ
いや…いたくない…
あ
夢だから…
なんでメンデレーエフさんが？
知らないよ…
ん？
ん？
元素周期表
あー
あー

そ…
それは?
だめっ
見ちゃ
だめ!!
ま
しょせん
夢だ
ほ
ぱ
わ
へへん
ちょっと
遠かったが
さっき
しっかり
見たもんね
え〜

実際メンデレーエフは「私は夢の中で、すべての元素が定められた場所にうまく当てはめられた表を見た。目を覚ますとすぐにそれを紙に書きとめた」と言っている。それがナナたちの学校の化学室にあった表だったかどうかは不明だが…

ハッ
見た…
夢を…
じゃなくて夢で…
たしかこう…
ん？夢のとちょっとちがうか？
いや夢のは変なのがまじっていたから…
Ti=50 Zr=90 ?=180
V=51 Nb=94 Ta=182
Cr=52 Mo=96 W=186
Mn=55 Rh=104.4 Pt=197.4
Fe=56 Ru=104.4 Ir=198
Ni=Co=59 Pd=106.6 Os=199
H=1 Cu=63.4 Ag=108 Hg=200
Be=9.4 Mg=24 Zn=65.2 Cd=112
B=11 Al=27.4 ?=68 Ur=116 Au=197?
C=12 Si=28 ?=70 Sn=118
N=14 P=31 As=75 Sb=122 Bi=210?
O=16 S=32 Se=79.4 Te=128?
F=19 Cl=35.5 Br=80 J=127
Li=7 Na=23 K=39 Rb=85.4 Cs=133 Tl=204
Ca=40 Sr=87.6 Ba=137 Pb=207
?=45 Ce=92
?Er=56 La=94
?Yt=60 Di=95
?In=75.6 Th=118?
（注）
…
…
できた…

できた!!
これでいいのだ!!
よーし
さっそくこれを論文に
その論文は1869年3月6日ロシア化学会で発表されました。
あれ？
また夢を見てるのかな？
夢じゃありませんよ
周期表の発表があったあとなのでナナちゃんもじゃまにならないから
あくまでじゃまものにするか
ぜったいそうなったって
周期表も広く認められたようで
うん
原子量順に元素を並べるとそれぞれの性質が一定の周期でくり返されるという「周期律」とその表は

メンデレーエフは、マイヤーの「独立に周期表を発見した」という主張をこだわりなく認めている。

当初は懐疑的に受け止められていましたが…
周期表であけておいた未発見の元素の性質を私が予言し
その予言通りに新元素が次々に発見され周期表の正しさが完全に証明されました

たとえば二ページ前の表のこの部分アルミニウムの一つ次の元素を仮にエカアルミニウムと呼びました
エカというのはサンスクリット語で一の意味です
……………
Be=9.4 Mg=24 Zn=65.2
B =11 Al=27.4 ? =68
C =12 Si=28 ? =70
……………

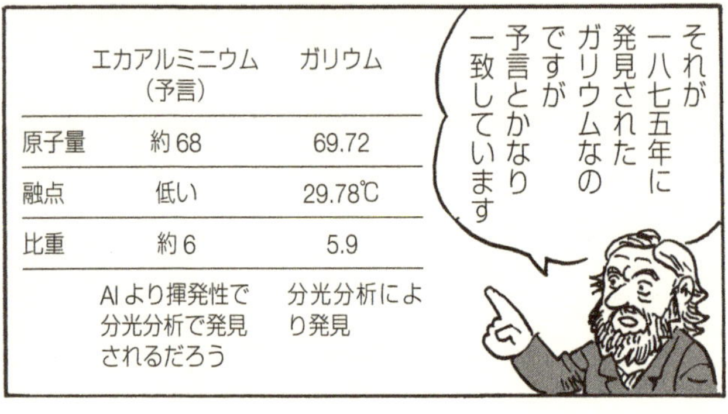

それが一八七五年に発見されたガリウムなのですが予言とかなり一致しています
エカアルミニウム（予言） ガリウム
原子量 約68 69.72
融点 低い 29.78℃
比重 約6 5.9
Alより揮発性で分光分析で発見されるだろう 分光分析により発見

あと私の予言と新発見の元素とが一致したのがこれらです
こまかい性質は省略ね
メンデレーエフ予言
新元素
エカホウ素 原子量 44 ほか略
スカンジウム 原子量 44.96 ほか略 1879 年発見
エカケイ素 原子量 72 ほか略
ゲルマニウム 原子量 72.64 ほか略 1886 年発見
私の周期表の発表の数ヵ月後にドイツのマイヤーが基本的に同じ表を発表して
周期表は私とマイヤーの共同成果と考えようという向きもありましたが（前ページに注）
私が示した三つの元素の予言の質の良さで周期表は私の成果とみなされています
その功績で一九〇六年のノーベル化学賞の候補になりましたが
一票差でもらいそこねました（注）
えー
ナナちゃんがじゃましたせいで？
だからじゃましてないから

一九〇六年のノーベル化学賞を一票差で獲得したのはフランスの化学者アンリ・モアッサン（一八五二～一九〇七）で、授賞理由はフッ素の研究とその世界初の単離成功およびモアッサン電気炉（アーク放電で三五〇〇℃の高温を得る）の製作。

だってあの周期表化学の教科書でも参考書でも必ずのってるほどですよ
うん
そう化学の一番の基礎になってますからねえ
それを思えばノーベル賞よりもっと名誉かもしれませんね
服をもどしました。
あの教室にも大きな表がはってあったし…
いやーあん時はあせりましたよ～
ねー
ほおー
名誉という話では、1955年に発見された原子番号101の元素にメンデレビウムという名前が付けられました。
私の夢の話をなんで知っているんです？
と言うよりなんで夢見ていた人が現実場面に…
夢でも現実でもなくこれは自習です。
なにそれ？
意味わかんないよ

第4章

高分子化学の時代

—プラスチックと合成繊維—

第13話
玉突きから生まれた最初のプラスチック

感心ですねえ玉突きの自習ですか。
遊んでいるだけよ
あら失敗
その玉突きの自習の成果を1863年のニューヨークで…
自習じゃなくて遊び
自習はあとで
わあ
いえいえもっと自習を。
きゃっ
どうですこれが本物の玉突き台です。
それはいいけどね…

台が本物でも玉がなきゃできないじゃないのよ！
さあそれが問題です。
玉貸してください
さあそれが問題です
なんなのよ
まぁ支配人の説明を…
いえね
近年上流階級の方々に玉突きが大流行でして
私どもでも台を大量に増設したんですが
問題は玉なんです
玉突きの玉は何で作るかご存知ですか？
さあ？

象牙です
これが量が限られていまして
このごろ玉はたいへんな品薄なんです
どうですオモチャならありますがやります？
やりませんっ！
何が悲しゅうてニューヨークまで来てオモチャの玉突きなんか…
ちょっとこちらへ。
ねえ
オモチャならはるかんちでやっとるわ
玉突き用品を扱う会社がこんな広告を出しているのです。
けーじばん
玉突きの玉用に象牙の代用品を考え出した方に1万ドルの賞金を差し上げます。
フェラン・コランダー商会
けーじばん
WANTED
そしてそれを見ている青年が一人…
一万ドルかあ…
やってみるか

あの 失礼ですが あなたは…
私？
印刷屋の ハイアットと いう者です
ジョン・ウェズリー・ハイアット（1837～1920）アメリカの発明家です。今（1863年）は印刷業者ですが、この後発明家として数百の特許を取ります。
おーっと
先の ことは…
？
このころの 一万ドルって 今なら いくら くらい？
2010年ごろで 1500万円前後 というところ でしょうか。
わ すごい
で 一万ドルに 目がくらんで 作ってみよう と…
そういう 言い方は ひっかかりますが ま、やってみようと
見学 させて もらって いい ですか？
どうぞ
うちは こっち です

それでどうやって作るんですか？
うん
木クズとかぼろ布とかパルプとかの植物の繊維
つまりセルロースね
これをニカワとかデンプンとかシェラックとかで固める
シェラックは横に注があります。
あれは何です？
あ
気にしないでください
気にしないでって言っても…
で、しばらくたちました。
ああ もうしばらくたったんだ
じゃあもうできました？
もうったってこれから…
あ できてる

シェラックは、植物に寄生するラックカイガラムシが分泌する樹脂状の物質。塗料、接着剤などに使用される。

これからっ？
もう？
いや……
かわいそうに混乱してるよ
なに回復すぐ回復しますよ。
いろんな材料で接着剤との分量比もいろいろ変えて作ってみてまあある程度できのいいのがこれらです
ね。
回復はやっ！
これからテストです
こっちの手玉は象牙です
カッ
カッ
コトン
コトン
コロコロコロコロ
パカ

おみごとー
パチパチパチ
これは？
ボロ
これは？
パキ…
わー
結局みんなだめだった〜
もっと接着力が強くてもろさのない材料を探さないと…
そしてまたしばらくたって…
これだ!!
コロジオン！

コロジオン？
セルロースに硝酸を作用させて硝酸セルロースにしたものをエーテルとアルコールの混合液に溶かしたものです
写真の原板の感光剤定着用に使われてますが(注)
知らないねえ
うん
写真といえば今じゃデジタルだし…
フィルムに使われているのかしら
話わかりませんが…
まとにかくコロジオンとシェラックを混ぜて加熱固化したものがこれです
この通り玉突きの玉として十分の性能があります
カッ
カッ
そしてみごと懸賞金をゲットしました
おめでとー
パチパチパチパチ
$

この写真原板はコロジオン湿板または単に湿板と呼ばれる。一八七一年のゼラチン乾板の発明以後は使われなくなった。コロジオンは乾燥すると耐水性の皮膜ができ、現在でも水絆創膏《みずばんそうこう》として用いられる。

けどねえ…
あら？
何か問題でも？
これ乾くと縮まるんですよ
なんとかその欠点をなくさないと…
そしてハイアットはコロジオンにいろんな物質を混ぜて…
あ
どうしました？
カンフルチンキですよ
これで固まります
カンフルチンキ？
樟脳《しょうのう》をアルコールで溶かしたもので
キズ薬です
アルコールはもともとコロジオンにはいっているから
それに樟脳を加えれば固まるわけだ

いろいろ調べた結果
これは乾いても縮みません
熱を加えると
軟らかくなって自由に成形できます
これを熱可塑性《ねつかそせい》といいます。
ただ…
これ…
非常に燃えやすいんですねえ
ブワッ
でこれに弟のイザイアのアイデアで
「セルロイド」という名前を付けました
一八七二年のことです
さてこれで何を作るかですが
玉突きの玉には密度や柔軟性がどうもいまいちで
…

そこで代用歯茎を作ってみました
代用歯茎？
なんですそれ？
歯の台になるものですよ
はあ…
よくわかりませんが…
なんでそんな特殊なものを…？
もっとふだん使うものを作ればいいのに
いえね身近に歯医者がいて…
呼びました？
だれ？この人
身近な歯医者です
こんな怪しげな人が？
あなた失礼ですね
それはともかく代用歯茎のテストです

あら ヨシノリくん
今回見ないと思ったら こんなとこで休憩してたのね
休憩してるように見えるか？
代用歯茎のテストだというのに フラチなことに歯が全部そろっててね
テスト用に一本抜こうとしたら
なぜか逃げようとするので固定しました
なぜかじゃないわ!!
痛くもない歯を！
で 抜いた歯がこれ
これを口の中に埋め込んだ代用歯茎に差し込みます
カン
カン
あわあわ…

はい おわり
おつかれさん
ま コーヒーでも
う～～
で どうです 歯のぐあいは?
うえ～
口中に樟脳の臭いが…
もごっ
ぺっ
あら 歯が…
あ
そうか コーヒーの熱でセルロイドが融けて…
やわらかくなってますよ

こりゃー使いものになりませんなあ
そうですねえ
んじゃ私らの出番はこれで終わりね
なんなんだこれは～
てなわけで代用歯茎は失敗でしたが
その後ナイフやブラシの柄、櫛、ピアノの鍵盤などいろいろ作りました
こうしてセルロイドは実用化された最初の合成樹脂(プラスチック)となりました。
合成樹脂といっても植物のセルロースを原料としているので半合成樹脂と呼ばれることもあります
完全な合成樹脂はアメリカのベークランドが1907年に発明したベークライトが最初といわれています。

それと
セルロイドそのものは私より少し前にイギリスのパークスがパークシンという名前で作っていたのですが
パークシンはコストのかかる作り方をしていたので
工業化には失敗しています
セルロイドは燃えやすいため、現在ではピンポン玉やペン軸などに使われているだけです。また日本では消防法で可燃性の規制対象物に指定されています。
ふうん
現在って
いつの話？
えと
いや…
それは…
おーいヨシノリ
歯はどうなった？
ああ
もどったらもとどおりになってた
そりゃよかったねっ
よかない
ひどい目に遭った…

第14話
石炭と空気と水から…

わ
なにこれ？
1926年9月23日ドイツのデュッセルドルフです。
演壇上ではつかみかからんばかりの大論争です。
え？
「つかみかからんばかり」…？

そうか
ぱ
つかみかかってはいないんだ
あんたも放しなさい
え
あ どうも
では改めてつかみかからずに大論争を続けましょう
そうですね
そうですね
あの…
だからっ!
つかまないのっ!
ひっ ごめんなさい
あ
いや
失礼ご婦人でしたか
で何か?
えとその…
今日は何かのお祭りですか?

は?
アホ なに ボケた ことを
…
だって… いきなり どなられて…
アワ アワ…
いや つまり
これは 何の騒ぎ かと…
シンポジウム ですよ
セルロースとか ゴムとか タンパク質 などが ですね
小さい分子が ただ集まっただけ（低分子会合説） なのか
それとも
それらがしっかり 結合して大きな 分子になっている（高分子説） のか
という問題を 議論している のです
高分子説は私が 初めて唱えまして
ポリオキシエチレン ポリスチレンなどを 基本分子が長く 鎖状に結合した 「巨大分子」 と 呼ぶことを 提案しました
一九二二 年のこと ですが
と言ってるこの人はヘルマン・シュタウディンガー（1881～1965）というドイツの化学者です。

たとえば
このクリップを基本分子としましょう
これがただこう集まっているだけか
それとも
こう…
ほらあなたがたもつなげて
え?
あ はい はい
せっせ せっせ
…とまあ
こういう長くつながった大きな分子になっているか
ということですが…
ナーンセンス
それはあなたがたがせっせとつなげたけど本物の分子はだれがつなぐんだ

だからー
条件によって自動的につながる機構があるはずなんですよっ!!
そんなこと信じられませんねっ!!
そうだそうだっ!!
わー
わー
……
ほんとにつかみかからんばかりだな
移動します。
あら
ねえこの騒ぎは結局どうなるの？
それはそこの人に聞いてみてください。
そこの人？
…どうも私がそこの人らしい…
はあ…どなたですか？
カロザーズという者ですが
ウォーレス・ヒューム・カロザーズ（1896～1937）アメリカの化学者です。

一九二六年のデュッセルドルフのシンポジウムはどんな結果に……
ああ あれね 大さわぎで終わりました
あのままってことか
で 高分子説は?
あの場では認められませんでした
ええ〜
あんなにせっせとクリップつなげたのに
だよなあ
私もシュタウディンガーさんの説が正しいと思っていましたが マイヤーとかマルクとかの一流の化学者が低分子説を主張しましたのでねえ
ところがね
はあ?
さすがに一流どころはちがいますねえ
二年もたつとそのマイヤーとマルクがいろいろ実験の結果高分子説の正しさにまっさきに気がつきましてね

さらに数年もたつともう高分子説を疑う人はほとんどいなくなりました
そしてシンポジウムのあった一九二六年は「高分子化学誕生の年」と呼ばれる記念すべき年となったのです
シュタウディンガーは高分子化学での数多くの実績により、1953年にノーベル化学賞を受賞しました。
あ
ほら
どうもご説明ありがとうございました
ちょっとちょっと
これから私の話になると思うのですが…
あれ？
シンポジウムの説明役という人じゃないのですか？
そのためだけに新人物を登場させるわけないじゃないですか

ポリマーは日本語では重合体。基本分子が複数結合して鎖状や網状になる（重合という）ことでできた化合物。ポリマーのもとになる分子をモノマー（単量体）といい、二種類以上の単量体からなる重合体を特に共重合体という。

おおっ
久しぶりのミニ登場！
私はハーバード大学で講師をしていた一九二八年に
さそわれてアメリカ最大の化学会社デュポンに移りました
デュポンでポリマー(注)の研究を進め
一九三〇年にはクロロプレンの重合による世界初の合成ゴムを作りました
そしてさらに合成繊維を作る仕事に取り組み…
二〇人以上の優秀な助手と整備された実験室で
考えられる限りの二種類の材料の組合せで分子同士がつながるかどうか調べていきました
二種類というのはこういうことです
物質Aと物質Bがそれぞれ二つの「結合の手」を持っていて
A
B

AとBがこう結びつき
A
B
A
B
それがさらに次のA・Bと結びつくならば
長い鎖状の高分子になるわけです
A
B
A
B
A
そんなある日…
これも失敗だ
ううー
洗ってもとれない
あたためれば融けるかも
おー
融けた融けた
融けたけど
切れない
なんじゃこりゃー
あ
カロザーズさん
ふーむ
これ糸になるんじゃないか?
冷えても伸びるし結び目も作れる
水にも強い

これ自体は熱で融けるから使いものにならないが
うまく材料を選べば水にも熱にも強い糸ができるにちがいない
ガンバロー
ホーッ
で考えたんだがその材料は生糸のまねをしようと思う
生糸のクリップになる分子はジアミン類とジカルボン酸との二種類だ
しかしジアミン類もジカルボン酸もそれぞれ数十種類ある
組合せは数百、数千にもなるが
しらみつぶしに調べるんだ
かかれっ
おー
そして無数の失敗があって…
カロザーズさんっ!!
これっ!
ジアミン類はヘキサメチレンジアミンジカルボン酸はアジピン酸です
ふむいけそうだな

とまあこうして一九三五年に合成に成功したのがのちに「ナイロン」と名付けられた繊維です
ナイロンは世界最初の合成繊維です。
おー世界初！
世界最初というのにフツーにしてますね…
デーヴィさんなんかおどり回って
いや…まあ…
実験室での合成ができたというだけで…
デュポン社としてはこれを工業的に生産できなきゃ意味ないわけで
まず原材料の二種類の物質の大量合成方法…
できたナイロンのポリマーは融点二六五℃で取り扱いにくいし
そして糸を引き出す紡糸装置の開発…
デュポン社は莫大な費用と二三〇人もの科学者や技師をつぎこんでます

なんとも責任重大で気の重いことで…
それに私ね　うつの気《け》があってね…
ナイロン開発にみなが忙しく仕事している一九三六年
うつ病で入院したりなんかして…
最近はなんか精神的にボロボロで…
酒でウサを晴らそうと…
けど飲むほどにさらに落ち込んで…
ありゃー
せっかく世界最初の発明をしたのに…
世界最初なんていってももう私のアイデアはかれちゃいましたよ
まあそう言わずに
つきあってあげるから
ついで
だめですよあなた未成年でしょ

私の話は終わりです
おひきとりください
なによ
なぐさめてあげようと思ったのに
大丈夫かなあ…
一晩寝りゃ落ちつくでしょ
そして1938年10月ニューヨークです。
何かの発表会だ
デュポン
発表会
DUPONT
石炭と水と空気から作られ
鋼鉄よりも強く
クモの糸よりも細く
すぐれた弾性と光沢をもつ繊維
それが…

デュポン
ナイロン発表会
ナイロン(注)です!!
おお〜
ナイロンだっ
工業化に成功したんだ
やったねカロザーズさん
カロザーズさんは?
あのデュポン社の方ですか?
カロザーズさんはどちらに?
あ…カロザーズ博士は…
デュポン

デュポン社は新繊維に対し、わざわざ命名のための特別な委員会を設置した。三五〇もの提案を検討の結果、「伝線しない」=ノーランからナイロンと決定された。275ページの頃はナイロンの名はまだなく、ポリマー6-6と呼ばれていた。

こういう場で
あまりお話し
したくは
ないのですが
は？
実は去年
（一九三七年）
…
自殺なさって
…
青酸カリ
飲んで…
えぇっ
あ…
あ…
わたしの
せいだ
…
あの時
しっかり
なぐさめて
あげて
たら…
ナナちゃんの
せいじゃ
ないよ
そうです。
これは自習
ですから
どうしようと
史実は変わり
ません。
ばかあっ
!!
ぴっぴっ
おっ

元気出せよ お前らしくもない
ラヴォアジエさんの時よりダメージ大きいよ…
さてナイロン製品は1939年から婦人用ストッキングとして売り出されましたが、(注)
ほんとにあんたは空気読めないわねえ…
これがもうバカ売れ。たちまち絹のストッキングにとって代わり、ナイロンはストッキングの代名詞となりました。
そうだよ それまではストッキングは絹製だったんだ
そして日本は二〇世紀はじめには世界一の絹生産国で…
えらそーに どーせ販促さん情報でしょ
第二次世界大戦直前で、日本との関係が険悪になっていたアメリカにとって、日本の生糸の輸入にたよらずにすむという利点もあったのです。
戦争だって
やだねー
カロザーズさんのことだけでもやなのに…
えらそーだったかなあ…

一九三九年のナイロンストッキング発売はデラウェア州ウィルミントン市限定で、その反響の大きさに自信を得たデュポン社は一九四〇年五月一五日全国販売に踏み切った。その日は後にNデーと呼ばれることになる。

エピローグ

さて最後に……
なにこれ？
フリップではわずらわしいのでセリフをしゃべる人形で話をまとめます
名札をつけておきますか？
いらんいらん
悪シュミ
却下
自習
化学史

ま
席について
高分子化学が第４章の話の後で果たした役割をみておきましょう
では第４章に出演した方々の登場！
なに？
現実場面に出てくるの？
メンデレーエフさん方式だね
なんですここは？
どうぞお座りください
二一世紀初頭の世界へようこそ

二一世紀…
ああ　あなたがた　二一世紀の　人たちか　だから…
ハイアットさん　あなたが　発明した　セルロイド　あれが　すっごいことに　なりましてね
あんな　ものが？
セルロイド自体というより　あれが出発点に　なっていろんな　合成樹脂つまり　プラスチックが　作られたんです
熱で軟らかく　なって自由に　成形が…
うえ～　思い出しても　気持ち悪い…
それを　熱可塑性と　いいましたね　逆に熱を加えると　硬くなる　熱硬化性の　プラスチックも　あります
セルロイドは　燃えやすいん　だよね
それで日本では　消防法で製造、　貯蔵などが厳しく　規制されています

二〇世紀なかばまで映画のフィルムはセルロイド製で現在はその保存方法が課題となっています
いまでは多くの日常品のほかあらゆる所にプラスチックは使われています
たとえば
ポリプロピレンのコップや皿
フェノール樹脂のお椀
ポリスチレンのはし
ポリエチレンのゴミ袋
塩化ビニルの三角定規
ゴミ
でカロザーズさん
私うつ病で自殺したんですよ
この世にはあまり出たくないんですが…
う…

ごめんなさい
ごめんなさい
？
なんであなたがあやまるのですか？
だって…あの時なぐさめられなくて…
そんな…気になさらないでくださいあの時自殺したわけじゃないしあくまで私の責任なんで
ほらね。
ばかあ
おっとっと。
ほらね。
カロザーズさんのナイロンは人類初の合成繊維でこれはどえらい発明なんですよ
は？
あの人形も空気読んでない…

人間はそれまで木綿や麻などの植物、蚕や羊などの動物の繊維から糸を紡ぎ布を織ってきました
それをカロザーズさんは薬品の化学反応だけで作ってしまったのですから
はあそうですか…
みなさんあなたがたの着ているものは何でできていますか？
この体操着はナイロンだな
ブラウスはポリエステル
セーターはアクリル
はいそのナイロン繊維ポリエステル繊維アクリル繊維を三大合成繊維といいます

ポリエチレンとかポリエステルとかの「ポリ」ってなに？
「ポリ」は「たくさん」の意味です
ポリプロピレンといったらプロピレンという物質がたくさん結合したものということです
POLY POLY POLY POLY
そのように小さい分子がたくさん化学結合して巨大な分子ができるという理屈を作ったのが私というわけだ
はい
その後の高分子化学の発展と高分子化合物が物質の世界に及ぼした影響を考えると
シュタウディンガーさんの功績はどえらいものです
まあそれでノーベル賞をもらえたわけだね
人類は誕生以来金属、石、土、動物、植物など地球が作り出してきたものを素材にして文明を創造してきました

それがたかだか数十年の間に素材自体を自ら自由に創り出す技術を手にしたわけで
これはまさに人類史上画期的なできごとですっ!!
ふう…
力みすぎだよ
ところでその合成高分子の原料って?
いいところに気がつきました
それは石油です
石油?ガソリンとか灯油とか?
掘り出した原油は沸点の差を利用して各種の成分に分けます(分留)
ガソリン、ジェット燃料、軽油、灯油、重油など
そのうちナフサと呼ばれる成分(沸点三五~八〇℃)がエチレンやプロピレンの原料になります
それをポリマーにしてプラスチックや繊維にするわけだ
ポリマー…?
自習を!

石油を原料にして
製品を作る産業を
石油化学工業と
いいますが
合成高分子化合物は
まさに石油化学工業の
申し子なんです
その扉を開いたのが
ここにおいでの
三人という
わけです
ちょっと!
消えかけてる
わよ
シュタール
さんみたい
…
はい
お三人には
ここでお帰り
頂きます
はい
さよう
なら
ねえ
石油だって
地球が作り
出したもの
でしょ
それは
そうですが
それを原料にして
化学反応によって
作りたいものを
意のままに創り出す
技術を人間は持ったのです
しかし
そのために…

本来地球上に存在しない物が大量にあふれ
それまでの地球史に比べて極めて短時間に環境に大きな影響を及ぼすことになってしまったのは事実です
火を使って肉を焼く化学反応から始めた人類は
とうとう思いのままに物質を創り出すところまで来たっていうわけね
そういうことです
しかし今ではそれに払う代償も大きいことに人間は気づいています
これからは新しい物質の開発だけでなく
その処理まで考えることが必要なのです
そうだよなあ
考えるのです！

以上で化学史の自習は終わりとなります
終わった……
考えるのです！

参考文献

全般にわたるもの

『化学と人間の物語』武田和子著　河出書房新社　一九六六年
『エピソード科学史I　化学編』A・サトクリッフ／A・P・Dサトクリッフ著　市場泰男訳　社会思想社　一九七一年
『新訳　ダンネマン大自然科学史（全一二巻）』安田徳太郎訳編　三省堂　一九七七〜一九八〇年
『化学をつくった人びと　上・下』マノロフ著　早川光雄訳　東京図書　一九七九年
『青春の化学者たち』J・ケンダル著　松野武訳　東京図書　一九七九年
『科学史技術史事典』伊東俊太郎他編　弘文堂　一九八三年
『人物化学史』島尾永康著　朝倉書店　二〇〇二年
『痛快化学史』アーサー・グリーンバーグ著　渡辺正／久村典子訳　朝倉書店　二〇〇六年

第1章　化学の起源—原始時代〜古代〜中世—

『錬金術』吉田光邦著　中央公論社　一九六三年
『アラビア科学の話』矢島祐利著　岩波書店　一九六五年
『金属と人間の歴史』桶谷繁雄著　講談社ブルーバックス　一九六五年

『鉄の歴史　第一巻　第一分冊』ルードウィヒ・ベック著　中沢護人訳　たたら書房　一九七四年
『物質の探究』湯浅光朝著　日本放送出版協会　一九七六年
『パラケルススの生涯』Ｅ・カイザー著　小原正明訳　東京図書　一九七七年
『錬金術師』Ｆ・シャーウッド・テイラー著　平田寛／大槻真一郎訳　人文書院　一九七八年
『鉄を生みだした帝国』大村幸弘著　日本放送出版協会　一九八一年
『ガラスの考古学』谷一尚著　同成社　一九九九年
『香料文化誌　新装版』Ｃ・Ｊ・Ｓ・トンプソン著　駒崎雄司訳　八坂書房　二〇〇三年
『古代の技術史　上・中・下１』フォーブス著　平田寛他監訳　朝倉書店　二〇〇三～二〇〇八年
『トコトンやさしい鉄の本』菅野照造監修　鉄と生活研究会編著　日刊工業新聞社　二〇〇八年

第2章　化学革命―17世紀前半～19世紀半ば―

『化学入門』原光雄著　岩波書店　一九五三年
『化学を築いた人々』原光雄著　中央公論社　一九七三年
『科学の名著　ラヴワジエ』坂本賢三他編　朝日出版社　一九八八年
『科学の名著　ドルトン』村上陽一郎他編　朝日出版社　一九八八年
『科学の名著　ボイル』伊東俊太郎他編　朝日出版社　一九八九年
『科学者伝記小事典』板倉聖宣著　仮説社　二〇〇〇年

『偉人と語るふしぎの化学史』松本泉著　講談社ブルーバックス　二〇〇五年

第3章　元素の発見史―周期表の完成―

『元素系の法則』D・N・トリホノフ／A・A・マカレーニャ著　大竹三郎／長田義仁訳　総合科学出版　一九七三年
『ガリレイへの道　4』吉羽和夫著　共立出版　一九七三年
『HOSC物理』レオ・E・クロッパー著　渡辺正雄訳　講談社　一九七六年
『化学の原典8　元素の周期系』日本化学会編　学会出版センター一九七六年
『化学の原典9　希ガスの発見と研究』日本化学会編　学会出版センター　一九七六年
『メンデレーエフ伝』G・スミルノフ著　木下高一郎訳　講談社ブルーバックス　一九七六年
『周期系の歴史　上』J・W・ファン・スプロンセン著　島原健三訳　三共出版　一九七八年
『化学史談　Ⅲ　ブンゼンの八十八年』山岡望著　内田老鶴圃　一九七九年
『化学史談　Ⅳ　ブンゼンの八十八夜』山岡望著　内田老鶴圃　一九八〇年
『元素の発明発見物語』板倉聖宣著　国土社　一九八五年
『元素発見の歴史（全三巻）』ウィークス／レスター著　大沼正則監訳　朝倉書店　一九八八〜一九九〇年
『化学元素発見のみち』D・N・トリフォノフ／V・D・トリフォノフ著　阪上正信／日吉芳朗訳

内田老鶴圃　一九九四年
『心にしみる天才の逸話20』山田大隆著　講談社ブルーバックス　二〇〇一年
『メンデレーエフ　元素の謎を解く』ポール・ストラザーン著　稲田あつ子他訳　寺西のぶ子監訳　バベル・プレス　二〇〇六年
『メンデレーエフ　元素の周期律の発見者』梶雅範著　東洋書店　二〇〇七年
『ボルタ　未来をつくった電池の発明』ルカ・ノヴェッリ著　滝川洋二監修　関口英子訳　岩崎書店　二〇〇九年

第4章　高分子化学の時代―プラスチックと合成繊維―

『ナイロンの発見』井本稔著　東京化学同人　一九七一年
『プラスチックの文化史』遠藤徹著　水声社　一九九九年
『ひろがる高分子の世界』竹内茂彌／北野博巳著　裳華房　二〇〇〇年
『ナイロン発明の衝撃』井上尚之著　関西学院大学出版会　二〇〇六年
『トコトンやさしい石油の本』藤田和男監修　難波正義他編著　日刊工業新聞社　二〇〇七年
「高分子説（1930年頃：シュタウディンガー）―ケクレ原理から生まれた巨大分子―」鶴田禎二（『高分子』五六巻一月号掲載　高分子学会　二〇〇七年）
「カローザスのナイロンの合成」緒方直哉（『高分子』五六巻一月号掲載　高分子学会　二〇〇七年）

さくいん

〈ア行〉

〈カ行〉

N.D.C.402　299p　18cm

ブルーバックス　B-1710

マンガ　おはなし化学史《かがくし》

驚きと感動のエピソード満載！

2010年12月20日　第１刷発行
2025年６月17日　第５刷発行

原作　松本《まつもと》　泉《いずみ》
漫画　佐々木《ささき》ケン

発行者　篠木和久
発行所　株式会社講談社
〒112-8001 東京都文京区音羽2-12-21
電話　出版　03-5395-3524
販売　03-5395-5817
業務　03-5395-3615
印刷所　(本文表紙印刷) 株式会社ＫＰＳプロダクツ
(カバー印刷) 信毎書籍印刷株式会社
本文データ制作　株式会社さくら工芸社
製本所　株式会社ＫＰＳプロダクツ

定価はカバーに表示してあります。

ISBN978−4−06−257710−6

発刊のことば

科学をあなたのポケットに

二十世紀最大の特色は、それが科学時代であるということです。科学は日に日に進歩を続け、止まるところを知りません。ひと昔前の夢物語もどんどん現実化しており、今やわれわれの生活のすべてが、科学によってゆり動かされているといっても過言ではないでしょう。

そのような背景を考えれば、学者や学生はもちろん、産業人も、セールスマンも、ジャーナリストも、家庭の主婦も、みんなが科学を知らなければ、時代の流れに逆らうことになるでしょう。

ブルーバックス発刊の意義と必然性はそこにあります。このシリーズは、読む人に科学的に物を考える習慣と、科学的に物を見る目を養っていただくことを最大の目標にしています。そのためには、単に原理や法則の解説に終始するのではなくて、政治や経済など、社会科学や人文科学にも関連させて、広い視野から問題を追究していきます。科学はむずかしいという先入観を改める表現と構成、それも類書にないブルーバックスの特色であると信じます。

一九六三年九月

野間省一

ブルーバックス　化学関係書

969 化学反応はなぜおこるか　上野景平
1152 酵素反応のしくみ　藤本大三郎
1188 金属なんでも小事典　増本　健＝監修　ウォーク＝編著
1240 ワインの科学　清水健一
1296 暗記しないで化学入門　平山令明
1334 マンガ　化学式に強くなる　高松正勝＝原作　鈴木みそ＝漫画
1508 新しい高校化学の教科書　左巻健男＝編著
1534 化学ぎらいをなくす本（新装版）　米山正信
1583 熱力学で理解する化学反応のしくみ　平山令明
1591 発展コラム式　中学理科の教科書　第1分野（物理・化学）　滝川洋二＝編
1646 水とはなにか（新装版）　上平　恒
1710 マンガ　おはなし化学史　松本　泉＝原作　佐々木ケン＝漫画
1729 有機化学が好きになる（新装版）　米山正信／安藤　宏
1816 大人のための高校化学復習帳　竹田淳一郎
1849 分子からみた生物進化　宮田　隆
1860 発展コラム式　中学理科の教科書　改訂版　物理・化学編　滝川洋二＝編
1905 あっと驚く科学の数字　数から科学を読む研究会
1922 分子レベルで見た触媒の働き　松本吉泰
1940 すごいぞ！　身のまわりの表面科学　日本表面科学会
1956 コーヒーの科学　旦部幸博
1957 日本海　その深層で起こっていること　蒲生俊敬
1980 夢の新エネルギー「人工光合成」とは何か　光化学協会＝編　井上晴夫＝監修
2020 「香り」の科学　平山令明
2028 元素118の新知識　桜井　弘＝編
2080 すごい分子　佐藤健太郎
2090 はじめての量子化学　平山令明
2097 地球をめぐる不都合な物質　日本環境化学会＝編著
2185 暗記しないで化学入門　新訂版　平山令明

ブルーバックス12cm CD-ROM付

BC07 ChemSketchで書く簡単化学レポート　平山令明